输电网发展协调性评估体系研究与实践

云南电网有限责任公司电网规划建设研究中心 编著

中国水利水电出版社
www.waterpub.com.cn
·北京·

内 容 提 要

　　本书结合新一轮电力体制改革政策要求，围绕输电网发展协调性评估关键问题，提出并构建了新一轮电力体制改革下输电网发展协调性评估指标体系、评估方法及评估过程，并结合某省电网的实际案例阐述了评估体系的应用效果。全书共7章，分别为绪论、电力体制改革政策及影响分析、电力体制改革政策下输电网设备利用率影响因素分析、输电网发展协调性影响因素分析、输电网发展协调性评估指标研究、输电网发展协调性评估以及某省现状及规划输电网发展协调性评估。

　　本书可供从事电网规划的科研工作者、工程技术人员以及电力高校师生参考阅读。

图书在版编目（CIP）数据

输电网发展协调性评估体系研究与实践 / 云南电网
有限责任公司电网规划建设研究中心编著. -- 北京 ： 中
国水利水电出版社，2020.4
　　ISBN 978-7-5170-8602-4

　　Ⅰ．①输… Ⅱ．①云… Ⅲ．①电力系统规划－研究－
中国 Ⅳ．①TM715

中国版本图书馆CIP数据核字(2020)第096663号

书　　名	**输电网发展协调性评估体系研究与实践** SHUDIANWANG FAZHAN XIETIAOXING PINGGU TIXI YANJIU YU SHIJIAN
作　　者	云南电网有限责任公司电网规划建设研究中心　编著
出版发行	中国水利水电出版社 （北京市海淀区玉渊潭南路 1 号 D 座　　100038） 网址：www.waterpub.com.cn E－mail：sales@waterpub.com.cn 电话：(010) 68367658（营销中心）
经　　售	北京科水图书销售中心（零售） 电话：(010) 88383994、63202643、68545874 全国各地新华书店和相关出版物销售网点
排　　版	中国水利水电出版社微机排版中心
印　　刷	北京瑞斯通印务发展有限公司
规　　格	184mm×260mm　16 开本　10.25 印张　243 千字
版　　次	2020 年 4 月第 1 版　2020 年 4 月第 1 次印刷
印　　数	0001—1000 册
定　　价	**90.00 元**

《输电网发展协调性评估体系研究与实践》

编 写 委 员 会

前言

FOREWORD

输电网是电力系统的重要组成部分，是保障电力系统稳定发展的关键环节。一个理想的输电网需要满足安全性、经济性、可靠性、适应性、灵活性等多方面的要求，因此，输电网发展协调性是电网规划评估工作中需要考虑的重要内容。随着 2015 年 3 月 26 日中共中央国务院发布《关于进一步深化电力体制改革的若干意见》（中发〔2015〕9 号），新一轮电力体制改革正式开启，更复杂的电力市场环境、更多样化的负荷特性以及分布式电源的大规模接入趋势，都给现今输电网的协调发展提出了新的挑战。在此背景下，开展电力体制改革形势下输电网发展协调性的评估研究，有助于促进电网的可持续发展、提高电网建设资金以及资源的使用效率和经济效益，有助于提升电网各环节的相互适应性、提高电网规划建设的决策水平，对实现输电网各电压等级电网的统一规划具有重要的现实指导意义。

本书共 7 章：第 1 章主要介绍了输电网发展协调性评估的研究现状、本书的主要研究内容以及所解决的问题；第 2 章围绕电力体制改革政策，从新一轮电力体制改革对电力系统及相关产业的影响、某省电力体制改革的历程和发展趋势以及电力体制改革对电网规划建设、运营的影响等方面进行了详细介绍；第 3 章主要介绍了某省输电网设备利用率的现状、新一轮电力体制改革政策下输电网设备利用率的影响因素分析、输电网设备利用率评估指标及标准、输电网设备利用率提升建议；第 4 章主要从输电网与电源、输电网与负荷、输电网与经营环境、输电网内部 4 个方面论述了输电网发展协调性影响因素；第 5 章围绕输电网发展协调性评估指标体系问题，论述了指标的选取过程、计算方法以及取值范围；第 6 章围绕输电网发展协调性评估问题，阐述了评估指标权重的计算方法、指标得分标准以及评估方法；第 7 章以某省现状及规划输电网为具体案例，介绍了协调性评估在典型地区的实践应用。

本书是云南电网有限责任公司电网规划建设研究中心多年来科研和咨询成果的总结，刘静萍负责本书统稿工作，张虹、周俊东、钱纹为本书撰写和修改提供了重要指导意见，电网规划建设研究中心的张秀钊、王志敏、王凌谊、刘娟、胡凯、赵岳恒、赵爽、刘民伟、陈宇以及天津楚能电力技术有限公司的王芳、李小双、陈焕军、崔文婷、时艳丽、胡青、张晗、罗可晗、邳志旺、吴振东、程曙光等参与了相关章节的编写，主要写作分工为：第 1 章、第 4 章、第 5 章、第 6 章及第 7 章的 7.1、7.2 节由张秀钊、王芳、李小双编写；第 2 章、第 3 章由王志敏、陈焕军、王凌谊、胡凯、刘娟、崔文婷、胡青、张晗、罗可晗编写；第 7 章的 7.3～7.6 节由刘民伟、赵爽、赵岳恒、陈宇、程曙光、邳志旺、时艳丽、吴振东编写。

本书主要内容直接来源于电网规划建设研究中心多年电力领域的研究成果及经验，参考了相关论文和技术资料，并得到了相关领域专家学者的大力指导，在此一并向他们表示诚挚的感谢！

由于作者学识有限，书中难免存在疏漏之处，敬请读者不吝赐教。

作者

2019 年 12 月

目录

CONTENTS

第1章 绪论

1.1 输电网发展协调性评估研究现状

1.1.1 国外

电力系统评估工作的发展过程,与社会经济的发展有着密切的联系。对电网的评估始于20世纪30年代,W. J. Lyman 和 S. M. Dean 等对统计理论进行研究,运用概率方法评估电网的可靠性,并将其运用于设备维修和备用容量确定等问题。但由于种种原因,电网评估研究在相当长时间内发展缓慢。20世纪60年代,电力系统不断向高电压、远距离、大容量方向发展,系统规模越来越大,在提高经济性的同时,电网安全稳定的问题也变得更为突出。

随着经济的高速发展和现代化水平的逐步提高,国外普遍开始重视电网的评估、规划、优化和建设工作。国外所做的电网评估工作大体可分为经济评估和技术评估两种。在经济评估方面,对国内外电网建设的经济效益评估内容进行整理和分析,从增供电量效益、网损减少效益等方面进行经济效益评估分析。在技术评估方面,可靠性作为评估电网规划方案的技术指标,包括充裕度和安全度两方面内容:充裕度主要是分析稳态情况下,系统满足用户电力需求的能力;安全度主要是研究动态情况下系统的抗干扰能力。

1.1.2 国内

目前,国内较多的是针对电网规划及其优化的研究,许多学者在这方面做了大量的工作,也得到了许多有意义的研究成果。

部分研究考虑了电网规划与电源规划的协调,尤其是电力市场条件下电源与电网的协调规划。如有些学者分析了电力市场改革及厂网分开后,国家政策、社会经济等不确定因素对电网规划带来的挑战,以综合资源规划的方法,将电源规划的不确定性看成是影响电网规划的一个因素。还有一些关于电源与电网协调性的研究,也是从电力市场的角度出发。

在电网优化规划方面,较多的研究成果是各种优化算法在电网结构优化中的应用,主要侧重于优化算法在变电站优化选址方面的应用。基于地理信息系统(GIS)平台进行电网规划的研究成果也比较多、比较深入,如郑建平等提出了基于GIS的主网与配网协调规划的方法。

在电网对负荷适应性方面,大部分研究从负荷特性对电网运行的影响出发,分析电网的供电能力。如李永清等研究了在夏季负荷很高时，如何改善负荷特性，或制定适应性较强的运行方式。

但是，很少有文献针对输电网协调程度进行综合评估或者相关的模型研究。特别是对于新一轮电力体制改革政策下输电网与电源的协调、输电网的结构协调和输电网对负荷的适应性方面的系统整体分析，以及输电网与社会协调发展方面，没有深入的专项研究。因此，开展新一轮电力体制改革政策下的输电网发展协调性研究，具有十分重要的现实指导意义。

1.2 本书主要内容

本书主要针对新一轮电力体制改革政策的发布，深入研究输电网发展协调性评估指标体系及方法，以更好地适应新的电力市场环境，主要内容如下：

（1）分析电力体制改革政策的内涵，结合电力体制改革进一步的深入，针对电网规划面临诸如电源开发及负荷用电时序不确定性、外部建设的影响、法规及政策的不确定性等对电力系统的影响进行深入分析。同时，基于该影响以及电网设备利用效率研究成果，从电网典型结构、电源接入方式、电网供电可靠性、负荷分布与负荷特性、政府产业布局等方面深入分析输电网设备利用率的主要影响因素。

（2）分别从输电网与电源协调、输电网与负荷协调、输电网与经营环境协调以及输电网内部协调四个方面进行输电网发展协调性综合分析，并建立输电网发展协调性评估指标体系以及适用的评估方法。

1）在输电网与电源协调方面，主要分析电源的不确定性对输电网发展的影响，具体从电力市场环境、电源布局、能源政策及新能源发电的不确定性等方面进行全面分析。根据所计算电源的结构比例，分析输电网与电源协调性，在地方电源不确定的电网规划中，提出通过容载比计算以及电网供电可靠性指标，分析输电网对电源不确定的适应性，以对输电网的规划提供指导。

2）在输电网与负荷协调方面，主要分析了负荷的不确定性对输电网协调发展的影响，具体包括负荷增长的不确定性、负荷特性的影响、负荷空间分布的均衡等因素。通过计算电网的供电能力，分析输电网所能承载的最大峰谷差，评估输电网对负荷的适应性。

3）在输电网与经营环境协调方面，主要分析城市规划对电网规划的影响，主要从电网建设用地、城市规划调整、城市规划对未来负荷的影响等方面进行分析。

4）在输电网内部协调方面，主要分析电网供电可靠性与经济性的关系、不同电压等级的协调、不同区域的协调等内容。根据上述分析提出不同电压等级协调程度评估方法，以及考虑经济性和可靠性的电网协调规划新方法。

（3）基于输电网发展协调性研究成果，建立输电网发展协调性评估指标体系，对某省现状及规划输电网进行评估，依照评估结论对该省输电网规划建设提出指导性意见和建议，为电网规划提供决策依据。

输电网发展协调性评估指标体系及方法技术路线如图 1.1 所示。

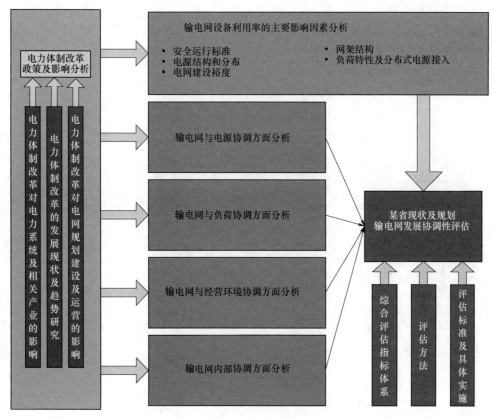

图 1.1 输电网发展协调性评估指标体系及方法技术路线图

1.3 本书所解决的主要问题

本书从输电网与电源、输电网与负荷、输电网与经营环境和输电网内部四方面系统地阐述了新一轮电力体制改革后输电网发展协调性评估的影响因素变化，以此为基础构建了考虑新一轮电力体制改革影响因素的输电网发展协调性评估指标体系，并对某省 2017 年的现状电网及 2020 年规划电网进行输电网发展协调性评估，验证了指标体系理论的科学性及应用前景。本书所解决的主要问题归纳如下：

（1）构建了包含电源、负荷、经营环境、电网内部四部分的输电网发展协调性评估指标体系，比现有的单一电网评估更加系统、完善，解决了现有指标体系不够完备的问题。

（2）本评估指标体系涵盖了新一轮电力体制改革的政策导向，具有时效性，相较于原有传统评估体系，评估过程包含了对新一轮电力体制改革实施效果的评估，解决了新一轮电力体制改革形势下输电网发展协调性评估体系适用性的问题。

（3）本评估体系采用层次分析法计算指标权重，采用模糊隶属度法进行指标得分标准计算，采用层次分析法和模糊综合评估法进行评估，整个评估过程步骤完备、阐述翔实，并在某省电网实际评估中详细介绍了评估过程，解决了现有评估研究中过程相对粗糙、实用性差的问题。

（4）本评估体系及评估方法适用于绝大多数地区的输电网发展协调性评估，且易生成工具软件，可解决现有评估体系通用性差的问题，具有较高的推广价值。

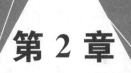

第 2 章 电力体制改革政策及影响分析

2.1 电力体制改革政策概述

2.1.1 电力体制改革的历程

我国的电力体制改革始于 20 世纪 80 年代，在近 40 年的时间里，我国的电力领域经历了多轮改革。1997 年，电力部撤销，电力行政管理权移交国家经贸委及地方政府，实现了政企分开。2002 年 3 月，国务院批准《电力体制改革方案》，成立电力体制改革小组，开启了我国电力市场化改革历程。2002 年 12 月，国家电力公司拆分为两大电网公司和五大发电公司。2003 年 3 月，成立国家电力监管委员会，开始履行电力市场监管者的职责。2012 年 3 月，国务院批转国家发展和改革委员会《关于 2012 年深化经济体制改革重点工作的意见》，再次强调深化电力体制改革。2015 年 3 月，《关于进一步深化电力体制改革的若干意见》（中发〔2015〕9 号）的公布开始了新一轮电力体制改革。

1. 20 世纪 80 年代电力体制改革

在 1978 年之前的计划经济时代，中央政府直接负责全国电网的建设和管理，电网企业实行生产、传输和购销的高度垄断经营，同时承担部分行政管理职能。此时电力行业的主要矛盾是电力行业政企不分，电力整体短缺，因此电力体制改革的目标是政企分开，引入民间资本，增加电能供应。1985 年国务院下发《关于鼓励集资办电和实行多种电价的暂行规定》，1987 年进一步提出了"政企分开、省为实体、联合电网、统一调度、集资办电"的方针，激发社会资本投资办电的积极性。1978—1997 年，国家逐步放开电力行业的投融资管制，允许社会资本进入电力行业，改革电价形成机制，在一定程度上打破了电网垄断的局面。1998 年国家电网公司成立，并脱离政府系列，初步实现"政企分离"。这个阶段的各项改革措施在较大程度上解决了资金问题，有效地促进了电力工业的发展，并实现了"政企分离"的改革目标。

2. 2002 年电力体制改革

基于上一轮电力体制改革的成效，2002 年出现了电力过剩，供需矛盾缓解，此时电力领域的主要问题演变为如何促进发电环节良性而有效率的竞争，电力体制改革的主要目标是如何做到电力供给的"安全"和"经济"，进而达到从发电侧竞争开始，逐渐实现零售市场化。基于此，2002 年国务院发布了《电力体制改革方案》（国发〔2002〕5 号，以下简称"5 号文"），5 号文确定了"政企分开、厂网分开、主辅分离、输配分开、竞价上网"的五大任务。经过 13 年的改革实践，我国电力行业基本实现了"政企分开"，在发电侧引入了竞争机制，允许多家办电、多种所有者办电。"厂网分开"在发电市场上形成了发电企业和电网企业两类市场主体，奠定了多家发电企业之间横向竞争、发电企业与电网企业之间纵向竞争的基本格局。由于相互之间的竞争，这些年我国发电行业的投资规模和装机容量不断扩大，基本解决了制约我国经济增长的电力短缺问题，并在输配一体的情况下保证了电力的安全。

2002 年电力体制改革前后的电力交易模式如图 2.1 和图 2.2 所示。

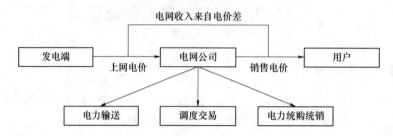

图 2.1　2002 年电力体制改革前的电力交易模式

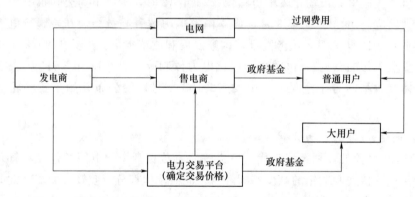

图 2.2　2002 年电力体制改革后的电力交易模式

3. 新一轮电力体制改革

2015 年 3 月 26 日，中共中央国务院发布《关于进一步深化电力体制改革的若干意见》（中发〔2015〕9 号，以下简称"9 号文"），标志着新一轮电力体制改革的开启。新一轮电力体制改革主要针对"在竞争领域建立市场、在自然垄断领域实施有效监管"展开，核心涉及输配电价改革、电力市场建设、电力交易机构组建和运行、放开发用电计划、售电侧改革 5 个领域，明确了此次电力体制改革方案"三放开、一独立、三强化"的总体思路（图 2.3）。

此次改革不再以拆分来实现市场化，而是构建有效竞争的市场结构和市场体系，形成主要由市场决定能源价格的机制。在电价方面，改革之后，电价将主要分为发电价格、输配电价、售电价格，其中输配电价由政府核定，分步实现发售电价格由市场形成，居民、农业、重要公用事业和公益性服务等用电继续执行政府定价。此次电力体制改革放开了售电侧，放开了占全国用电量 80% 左右的工商业用电交易市场。

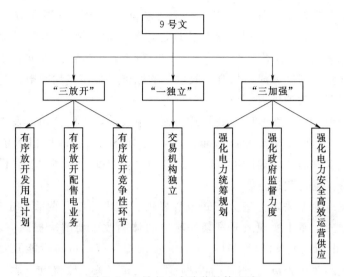

图 2.3 9 号文电力改革总体思路

9 号文电力体制改革方案整体上是 5 号文的延续，虽然没有拆分电网，但改变了电网的盈利模式，使电网从盈利性单位变为公用事业单位，只能收取政府监管下的过网费。9 号文的推出，有助于积极理顺交易机制、推进价格改革、形成竞争性售电市场，是 5 号文改革方向的深化。同时，电力体制改革不仅是为了解决电力行业的发展问题，更是为了适应和支撑经济体制由计划向市场的转型，因此，电力体制改革同样是经济体制转型下的改革。新一轮电力体制改革，将体制改革向纵深推进，将电力体制改革与国资国企体制改革、财税体制改革与政府管理体制改革紧密结合，将电力发展的指导思想切实转移到依靠市场优化资源配置的道路上来。

2.1.2 新一轮电力体制改革内容的深入解读

在 9 号文引领下，6 个配套文件和批复各地的试点文件一起，既架起了整个新一轮电力体制改革的四梁八柱，又完整构成了相关重要改革的操作手册，为新一轮电力体制改革各项重大部署的落地提供了基本依据。综合分析新一轮电力体制改革方案及后续出台的配套方案，可将本轮电力体制改革的目标归纳为 4 个方面：①具有市场属性的领域放开准入鼓励竞争，提高电力系统效率，降低社会成本；②完成电力行业节能减排目标，通过市场化和行政手段相结合，降低电力产业链对环境的影响；③扫清清洁能源发展障碍，力争实现清洁能源的充分消纳；④实现电力普遍服务。

为实现新一轮电力体制改革的目标，9 号文及其配套文件在以下 3 个方面作出了补充。

（1）实施输配电价改革，改变电网盈利模式。新一轮电力体制改革方案提出要"管住中间"，实施输配电价改革。输配电环节具有自然垄断属性，我国输配电产业主要掌握在两大电网公司手中，要想"管住中间"，必须对输配电环节实现有效监管。我国输配电产业控制在央企手中，政府监管可以较为容易地实现，以更为准确地制定合理的输配电价。

输配电价改革进程正在加快。在 9 号文的基础上，国家发展和改革委员会印发了《关于贯彻中发〔2015〕9 号文件精神加快推进输配电价改革的通知》，提出扩大输配电价改革试点范围，在广东深圳、内蒙古西部的基础上，将安徽、湖北、宁夏、云南纳入改革试点范围，参照"准许成本加合理收益"的原则单独核定输配电价，同时鼓励具备条件的其他地区开展改革试点。

输配电价的改革将改变电网的盈利模式。改革之前，电网公司从发电企业购电，再出售给电力用户，从中赚取差价。改革之后，电网公司将在政府监管层面按照成本核算，收取合理利润。靠收取输配电过网费的电网企业改变了电网的盈利模式，可以集中精力实现电网资产的优化运营。

（2）鼓励发电侧竞争，促进分布式电源发展。作为"放开两头"中的"一头"，目前发电侧已在形式上基本实现放开，新一轮电力体制改革要解决提高竞争程度的问题。9 号文将分布式电源的发展问题单列出来，并多次提及落实可再生能源发电保障性收购制度。国家发展和改革委员会、国家能源局联合发布《关于改善电力运行调节促进清洁能源多发满发的指导意见》，作为 9 号文的首个配套文件，政策落脚点也是解决清洁能源在发电侧的上网问题。

（3）放开增量，培育售电市场。新一轮电力体制改革的亮点是放开售电侧，培育售电市场和售电主体。根据 9 号文的思想，售电侧要构建多元化售电主体，包括引入社会资本参与售电。之前深圳作为电力体制改革试点城市，已探索进行售电放开，在交易平台中出现过社会资本向电网公司购电后再将其所购电卖给需求侧。但面临购电侧两大电网成熟的经营模式，新进售电主体如何在业务和资本实力都不占优势的情况下，实现合理盈利还需进一步探索解决。

2.1.3　新一轮电力体制改革阶段性成果

新一轮电力体制改革已从综合试点、多模式探索向持续纵深推进，迈入深水区和攻坚区，各领域改革力度持续增强，改革取得重大阶段性成果。

1. 输配电价改革

核定输配电价是此次电力体制改革的重要成果之一。截至 2017 年年底，省级电网输配电价核定实现除西藏外全覆盖，共核减电网企业与输配电业务无关资产 480 亿元，推动输配电价平均水平下降 0.01 元/(kW·h)。

与各省区输配电价核定类似，跨区输电通道、各区域电网公司输电价格也在进行核定和调整。目前部分省级电力市场已采用输配电价模式组织交易，用户能清晰地理解和接受电价组成及变化原因。输配电价核定具有重大的现实作用和历史意义，既是当前电力市场化的根本基础，也是未来理清电力成本、梳理交叉补贴、改变电网企业经营发展模式的前提条件。

2. 电力市场建设

我国电力市场建设中，中长期电力市场化交易局面基本形成，交易周期不断优化延伸，交易品种不断丰富，集中竞价、边际出清机制建立并广泛运用。中长期电力市场化交易规模持续扩大，2017年全国市场化交易电量的16300亿kW·h，占全社会用电量的26%，较2016年提高了7个百分点。

跨区跨省富余可再生能源电力交易成效显著；9个地区调峰调频辅助服务市场化交易初见成效，提高了煤电企业参与调峰积极性。

电力现货市场8个建设试点启动，有利于破解电力行业发展的诸多难题。35家电力交易中心和26家市场管理委员会成立，电力市场信用体系建设提上日程。

3. 增量配电业务改革

增量配电改革稳步推进，3批试点项目合计292个。截至目前，第一、第二批试点项目中，150个项目已开展前期规划。

增量配电改革政策环境不断完善，针对改革难点，国家陆续出台配电价格制定、配电区域划分等指导意见和管理办法。

4. 售电市场改革

售电公司注册数量持续增长，2017年全国完成电力交易中心注册并公示售电公司数量约3500家，较2016年增长2倍多。

2.1.4 电力体制改革发展方向

1. 改革总体目标

建立健全电力行业"有法可依、政企分开、主体规范、交易公平、价格合理、监管有效"的市场体制，努力降低电力成本、理顺价格形成机制，逐步打破垄断、有序放开竞争性业务，实现供应多元化，调整产业结构、提升技术水平、控制能源消费总量，提高能源利用效率、提高安全可靠性，促进公平竞争、促进节能环保。

2. 下阶段改革要点

（1）尽快理顺电价交叉补贴问题，正确反映用电成本，科学、全面、准确地核定电网资产规模。

（2）合理选择电力市场模式，完善市场建设相关配套机制；打破消解市场化交易面临的区域壁垒，建立跨省跨区电力交易体系。

（3）推动交易机构的股份制改造，强化交易机构的独立性；理顺交易机构与调度机构的智能边界，充分发挥市场管理委员会在市场治理中的重要作用。

2.2 新一轮电力体制改革对电力系统及相关产业的影响

新一轮电力体制改革方案放开了不具备自然垄断属性的售电业务，建立起"放开两头、监管中间"的市场结构，使得发电企业和用户能够直接交易，是我国"计划式经营"电力体制的一次重大变革；真正地着眼于"放权市场"，逐步过渡到让市场来决定交易行为，对发电企业、电网企业、售电市场、能源互联网、分布式电源等都带来了很大影响。

2.2.1　对发电企业的影响

市场化程度的提高，会使成本较低的发电企业获得更多的发电机会，包括水电、风电、核电等企业，它们通过降低成本提高自身议价能力，成为最先受益主体。

发电企业的直接受益在一定程度上可以缓解当前我国电力产能利用率不高的问题。自 2014 年开始，全国电力过剩情况日益凸显。2014 年全国全社会用电量增速放缓至 3.8%，为 1998 年（增速 2.8%）以来的最低水平。2014 年全国 6000kW 及以上电厂发电设备利用小时数为 4286h，为 1978 年以来的最低水平。在新一轮电力体制改革的刺激下，发电企业会尽量减少成本，通过成本管控增加市场竞争力，有利于提高产能利用率。

2.2.2　对电网企业的影响

新一轮电力体制改革使得电网企业各个方面的利益矛盾更为突显，同时电网企业之中存在的诸多问题也在不断显现。电力体制虽然有所改革，但是并没有真正地建立起电力监管体制与运营的相关政策，与其相关的法律法规相对落后，不适合如今的电力企业发展；电网企业与社会之间存在的矛盾，没有得到妥善有效的处理。随着电力体制的改革，电网企业要考虑如何有效地利用新能源（如风力发电、太阳能发电等），如何将这些新能源有效地通过电网输送到缺电地区，是当前电网企业要考虑的主要问题之一。问题出现的同时就会伴随相应的风险，包括电网企业的经营风险、电网企业的电网设施安全稳定运行的风险、电网企业工作人员队伍稳定的风险、电网企业财务资金与企业信用的风险等。

新一轮电力体制改革给电网企业带来了多方面的挑战，如电网安全性能方面的挑战、电网企业应变能力方面的挑战、企业内部运营机制方面的挑战、面对电力市场方面的挑战等。

2.2.3　对售电市场的影响

输配电价改革为放开售电侧市场扫清了障碍。此次纳入输配电价改革的试点区，此前已经较为充分地实现了大用户直购电试点，这些地区将成为未来电力市场建设及售电侧改革的优先区域。

随着售电市场的逐步放开，未来会有更多的市场主体参与到售电环节。受业务关系和资金实力的影响，大型发电集团及资金实力雄厚的民营资本集团有望率先进入售电市场，售电市场将逐渐形成和壮大。尤其是在配电技术方面有优势的企业，能够为用户提供更有针对性的电力解决方案，也可以在新一轮电力体制改革中最先受益。

2015 年 4 月，国家发展和改革委员会、财政部联合发布了《关于完善电力应急机制做好电力需求侧管理城市综合试点工作的通知》，将北京、河北、江苏、广东、上海作为试点区域，实施电力需求侧管理，推广节能服务。电力需求侧管理是新一轮电力体制改革的重点部署任务之一。推广电力需求侧管理会使电能服务业首先受益。电能服务商可以融合电力需求侧管理和能源管理，融合能源消费、管理和运营服务，努力打造成涵盖电、热、气、油等多种能源的能源服务商。电力服务企业可以通过节约电费综合方案、售电零售服务等降低用户用电成本，还可以通过节电改造服务等技术手段提升用户用电效率。

2.2.4　对能源互联网的影响

电力可以自由交易和分布式能源能够广泛参与是能源互联网的核心，此次电力体制改革方案提出放开售电市场，基本为能源互联网的发展扫清了体制障碍，在"互联网＋"的浪潮之中，能源与互联网深度融合将成为大势所趋，能源互联网能够实现能源行业内部各个方面以及不同能源行业间、能源行业与其他行业之间的融合。该类行业融合高度跨越了时间、空间的限制，实现了电网、热网、交通网、油网等多重能源网络的联合互通，形成一体化的新能源供应输送链，具备完整的能量循环耦合结构与能源资源利用结构。这样的结构能够强化资源间的高效互动，促使能源跨区域实现协同优化、高速传导，不仅会为消费者提供更便捷而丰富的服务，也将推动我国清洁能源产业的发展，助力我国能源结构的绿色转型。

2.2.5　对分布式电源的影响

新一轮电力体制改革方案强调要建立分布式电源发展新机制。分布式电源将采用"自发自用、余量上网、电网调节"的运营模式，电网等机构完善并网运行服务，放开用户侧分布式电源市场，支持用户因地制宜建设太阳能、风能、生物质能及燃气"冷热电"联产等分布式电源。

9号文首个配套文件要求地方政府主管部门采取措施，落实可再生能源发电全额保障性收购制度，在保障电网安全稳定的前提下，全额安排可再生能源发电。这充分验证了清洁能源的战略地位，且输配电价改革有利于梳理清洁能源发电和电网之间的复杂关系，电网企业按照清洁能源每年并网和输出的电量，收取相应的过网费。

此轮电力体制改革力争改变过去清洁能源发电与电网企业之间的被动关系，大幅降低其接入难度，提高清洁能源电力交易的可能类别。这对于清洁能源发展是较大利好，有利于提高实现国家2020年和2030年清洁能源发展目标的可能性，清洁能源产业将迎来大跨越的发展。

2.3　某省电力体制改革历程及发展趋势

2.3.1　某省电力体制改革历程

1. 2002年电力体制改革

自2002年电力体制改革实施以来，在党中央、国务院领导下，某省电力行业破除了独家办电的体制束缚，从根本上解决了指令性计划体制和政企不分、厂网不分等问题，初步形成了电力市场主体多元化竞争格局。

（1）促进了电力行业快速发展。2014年，该省发电装机容量达到7257万kW，发电量达到 2550 亿 kW·h，以水电为主的可再生能源发电占到七成以上，西电东送电量达到 1013 亿 kW·h，220kV 及以上线路长度达到 27 万 km，220kV 及以上变电容量达到 7961 万 kVA，初步形成了内联南方电网、华东电网，外接东南亚周边国家的跨省区、跨国电力系统。

（2）提高了电力普遍服务水平。通过农网改造和农电管理体制改革等工作，农村电力供应能力和管理水平明显提升，农村供电可靠性显著增强，基本实现城乡用电同网同价，无电人口的用电问题基本得到了解决。

（3）初步形成了多元化市场体系。在发电方面，组建了多层面、多种所有制发电企业 1400 多户，建成电站 2400 多座；在电网方面，除本省电网有限责任公司外，保留了部分电力股份有限公司和农垦电力公司等地方电力企业；在辅业方面，推动改组了中国电建、中国能建等企业。

（4）电价形成机制逐步完善。在发电环节实现了发电上网标杆价，在输配环节逐步核定了输配电价，在销售环节相继出台丰枯（峰谷）分时电价、差别电价、惩罚性电价和居民阶梯电价等政策，成为了我国输配电价试点省份。

（5）积极探索了电力市场化交易和监管。相继开展了竞价上网、大用户与发电企业直接交易以及跨国、跨省区电能交易等方面的试点和探索，电力市场化交易取得重要进展，电力监管积累了重要经验。

同时，2014 年的电力行业发展还面临着一些亟须通过改革解决的问题。如：交易机制缺失，资源利用效率不高；价格关系没有理顺；政府职能转变不到位，各类规划协调机制不完善；发展机制不健全，新能源和可再生能源开发利用面临困难；"电矿结合"的发展目标未能实现，既影响了该省有色金属资源的深度开发利用，又影响了大量水电的消纳等，需得到进一步解决和完善。

2. 2015 年新一轮电力体制改革

随着 2015 年 9 号文新一轮电力体制改革政策及一系列配套文件的发布，结合上一轮电力体制改革成效及存在问题，该省作为电力体制改革的综合试点省份，结合实际情况，积极推进试点，为国家新一轮电力体制改革提供了有益样本。

2014 年，该省电网公司在全国率先启动了电力市场化交易工作，当年成交电量 94 亿 kW·h。

2015 年，该省电网公司进一步加大市场化交易力度，细化交易细则，在原有省内市场的基础上，先后将西电东送增量、水火电发电权置换、重点行业用户基数、居民用电等纳入了市场化交易范围，成交电量达 460 亿 kW·h，最大限度地消纳了水电等清洁能源。

2016 年，全国首个相对独立的电力交易机构在该省组建完成，并在全国首推电力市场主体管理标准，规范了入市与退市的流程和方式，界定了市场主体的权利、责任和义务，保障了市场公平公正。

2017 年，在多周期、多品种的交易体系支撑下，该省市场结构和市场体系进一步完善，市场在电力资源优化配置中的作用显著增强，促进全省工业经济快速回升，积极推动前三季度规模以上工业增加值实现同比增长。至 2017 年年底，全年共 5814 家市场主体参与电力市场化交易，较年初增加 1907 家，市场活跃程度显著增强。交易电量逐月上升，全省大工业用电量呈两位数增长，各重点行业开工率走势强劲，为该省经济稳增长和结构调整注入了绵延动力。

综上所述，自 2014 年 6 月起，经过 4 年多创新实践，该省电力市场交易机制不断完善，市场运行越发平稳有序。发电企业、电力用户、售电公司之间逐渐形成"互惠互利，和谐共赢"的良好局面，部分市场主体之间逐渐形成长期稳定的合作关系，基于"管住中间，放开两头"整体架构、高质量发展的电力行业新生态正在该省形成。

2.3.2　电力市场建设成效

近年来，该省电力市场平稳起步，逐步建立了较为完善的市场体系和交易规则，品种齐全、功能完善、主体多元、竞争有序的市场格局日益完善，市场主体的市场意识、诚信意识显著增强，由市场决定电力资源优化配置的市场机制初步形成。

（1）首开试点，开拓创新，为全国电力体制改革积累了宝贵经验。2015 年 1 月 28 日，国家发展和改革委员会《经济运行与调节》第 2 期全文刊发《2015 年云南省电力市场化工作方案》，要求"各地区可结合实际情况，认真加以借鉴，积极推动电力交易工作开展"。国家发展和改革委员会、国家能源局召开全国电力体制改革座谈会，与会人员参观考察了电力交易中心，对该省推进电力体制改革取得的成绩给予了高度肯定。全国多个省区到该省调研交流，该省为全国范围电力体制改革的推进发挥了积极的引导作用。

目前，该省电力市场已建成集市场管理、电力交易、信息披露、交易结算于一体的专业化交易平台，为市场主体提供了公平的集中交易机制、对等的交易信息共享机制、合理的价格发现机制，为全国电力体制改革积累了重要经验。

（2）框架清晰，结构合理，形成了"中长期交易为主，日前短期交易为补充"的市场模式。经过 3 年的沉淀和发展，该省电力市场结构不断完善，逐步形成了"一个平台、两类主体、三个市场、四种模式"的"1234"市场架构。"一个平台"即电力运行与交易平台，为电力运行与市场交易提供场所，并提供电力运行与交易的优质服务，相对独立并接受全面监督，不代表任何一方市场主体利益。"两类主体"为该省电力市场中的售电主体、购电主体。"三个市场"为可进行电力交易的省内市场、西电东送市场、清洁能源市场，其中西电东送市场与区域电力交易中心有效衔接。"四种模式"为该省电力市场中现有的双边协商交易、集中撮合交易、挂牌交易、合约转让交易 4 种交易模式，市场主体可自由选择参与的市场和交易模式。

该省电力市场逐步形成了多品种、多周期的交易体系，多年、年度交易以双边协调交易为主，月度交易包括双边协调交易、集中撮合交易、挂牌交易、合约转让交易、预招标等多个品种，同时该省电力市场自 2016 年开始在全国率先开展日前电量交易。多年、年度、月度交易属于中长期交易范畴，为市场主体提供了稳定的电量合同和电力价格，确保市场整体平稳有序，有效防范市场风险；日前交易从时间上属于现货市场范畴，但目前仅开展电量交易，交易标的是次日的偏差电量，虽然不是完全意义上的电力现货市场，但目前通过电量交易为市场主体提供了灵活的偏差处理机制，有效减少了交易电量与实际电量的偏差，2016 年市场主体合同整体履约率超过 96%。2016 年，该省电力市场中年度、月度、日前交易电量占比分别为 21.5%、67.5%、11%，2017 年上半年进一步优化为 33.94%、60.51%、5.55%，"中长期交易为主、日前短期交易为补充"的省电力市场模式不断完善。

（3）模式多样，交易灵活，增强了市场活跃度，初步形成了多买多卖市场格局。改革以来，该省电力市场一直致力于为市场主体提供经济、优质的电力服务，对符合准入标准的市场主体赋予自主选择权，由其自行选择交易品种进行交易。随着市场的不断完善和活跃，参与交易的市场主体数量越来越多，交易品种也更加丰富，该省电力市场初步形成了多买多卖的市场格局，这表明该省电力市场具有较强的包容性，能够吸引市场主体积极参与交易，市场主体整体具有一定的抗风险能力和交易运作能力。

（4）扎实推进，释放红利，推动了实体经济发展，进一步惠及民生。该省电力市场建设过程中，积极促进供给侧结构性改革和产业结构转型升级。2014 年以来，该省电力市场累计交易电量突破 1200 亿 kW·h，显著降低工业企业成本，对稳定企业生产、提高主要用电行业开工率、促进该省实体经济发展作出了巨大贡献。该省电力市场在支持实体经济发展的同时，还研究制定了居民套餐用电机制，进一步增加居民用电选择权，充分发挥价格杠杆在鼓励居民消纳清洁能源、促进电能替代方面的积极作用。在促进富余弃水电量消纳的同时，有效拉动城乡居民电力消费，减少柴薪砍伐和煤炭消耗，促进生态文明建设，让城乡居民共享该省能源建设和电力体制改革红利。

（5）结合实际，释放需求，有效地减少了弃水。新一轮电力体制改革以来，该省电力市场存在电力产能相对过剩、全年呈现供大于求、电力供需矛盾突出的问题，面临较大弃水压力。市场建设一直注重市场分析与掌控，充分挖掘省内市场的用电潜能，扩大与周边地区的电力交易，出台各项惠企利民政策，千方百计增加电力消费，促进弃水量消纳。3 年来，该省电力市场综合减少弃水量超过 500 亿 kW·h，有力促进了绿色清洁能源的消纳，为该省经济稳增长、调结构作出了积极贡献。

2.3.3　电力市场发展趋势

该省电力市场改革认真贯彻落实党中央各项决策部署，持续提升自身服务能力水平，各项工作取得显著成效，创造了 5 个"全国第一"：全国第一个放开程度最高、参与市场化交易主体数量最多的电力市场；全国第一个搭建交易平台，建立较为完善交易规则的电力市场；全国第一家通过市场化交易机制消纳富余电量；全国第一个开展日前增量交易试点，合同履约率超过 96%；全国第一个交易规则被国家发展和改革委员会推荐在全国范围内学习借鉴。结合当前该省电力体制改革现状，对电力市场发展趋势总结如下：

（1）电力市场化交易"升级版"。该省电力交易中心严格把关主体入市资质，及时提示市场风险，主动维护各方利益。率先启动售电公司信用评估体系建设，建立黑名单和负面准入制度，对售电公司违规参与市场行为加以惩戒，引导售电公司健康成长，有效规范市场秩序。该省自开展电力市场化交易以来，累计为用电企业降低成本超过 180 亿元，有效降低了企业用电成本，落实了供给侧结构性改革降成本要求，促进了全省经济稳增长。

未来，该省电力交易市场将全面建成基于"互联网＋"的电力交易系统，实现与电网企业调度、营销、银行、税务等系统互联互通，满足各类市场主体的业务需求，全面提升电力交易服务水平。

（2）依托南方电网大平台，全力消纳省内清洁能源。该省电力市场化交易始终坚持市场化改革方向，以价值为导向，以清洁能源消纳为重点，积极发挥信息归集和专业优势，为国家推动消纳省内富余水电建言献策，促进该省富余水电在南方电网大平台上通过市场化方式消纳，弥补了省内电价降低带来的电力工业增速放缓，稳固了该省电力支柱产业地位。同时，积极配合广州电力交易中心开展了跨省区电力市场化交易。

同时，该省电力市场以市场化采购方式为全省居民降低用电成本约 10 亿元，鼓励居民扩大电力消费，减少柴薪和煤炭等一次能源消耗，落实全省公共照明和旅游景观亮化工程要求，全年减少电费支出约 5000 万元。

下一步，该省电力市场化改革将按照"深化改革创新，不断取得新成效"的要求，充分发挥电力交易平台作用，全力消纳省内绿色电力，同时，深入落实供给侧结构性改革降成本要求，全力服务该省跨越发展。

（3）发用电计划按市场习惯放开。按照此轮改革对于电力中长期交易的定义，24小时以上的交易即为电力中长期交易，这也与国际成熟电力市场的标准基本一致。实际上，绝大部分地区中长期交易仅以年度长协和月度竞价两种方式开展，还有不定期开展交易的情况存在。很大程度上，这种安排仍然是计划思维作祟、简单看待发用电计划放开的做法。甚至个别地区为了优先发用电计划更容易制定，强制要求市场交易配合计划制定和调整周期，即年度长协交易代替原来的年度计划，月度竞价代替原来月度计划调整，这更是粗暴的用直接交易代替原有的计划分配制度。该省彻底打破了这一思维定式，长短期交易品种周全（从年到日），双边、竞价、挂牌各种交易方式齐备，并且年度合同不是一锤定音，实质上使双边交易不止局限于"年"这个时间维度，进入年内小于"年"而大于"月"的周期仍然可以签订双边协议，即使年度合同分解到月，年度合同中分月数量仍不作为结算依据，而以交易双方月度确定的交易电量作为结算依据，最大限度增加合同的可执行性。

（4）售电业务自然生长。售电业务放开是此轮电力体制改革的重要任务之一，多数地区把培育售电主体当成了重点任务。但是有些地区甚至强行规定部分用户必须由售电公司代理电量交易，可以让售电公司准入之后，有一块生存的"自留地"，但这还是传统计划体制下"管生又管养"的思维定式，即政策鼓励从事售电业务，就要尽量让售电公司生存。实质上市场是一个"效率倍增器"，任何保护措施都会扭曲市场的信号。该省把售电业务的自然生长当成原则，给予售电公司和用户足够的双向选择权，政府和交易机构并不加以强制干预。这样可以保证售用双方是自由交易，努力的方向是市场竞争，避免了市场中"有困难找政府"的麻烦局面。

2.4　新一轮电力体制改革对电网规划建设及运营的影响

2.4.1　新一轮电力体制改革前后电网规划建设及运营模式的变化

1. 电网规划建设的变化

新一轮电力体制改革给电网规划和建设带来了新的挑战，就目前电网企业规划决策流程而言，本轮电力体制改革对电网规划决策影响主要表现在负荷预测准确率、规划方法、规划目标的改变，以及电网规划可靠性要求等方面。

(1) 电网负荷预测及电力平衡计算的变化。负荷预测是电网规划的基础，包括电量需求预测和电力需求预测。进入"十三五"后，随着本轮电力体制改革不断推进，负荷预测面临的不确定性将更加突出，主要包括分布式电源接入、电价定价机制改变以及多类型需求侧资源参与 3 个方面。

1) 分布式电源接入。新一轮电力体制改革放开了公益性调节以外的发电计划，将建立起分布式电源发展的新机制，一些结合集中式和分布式电源参与到市场竞争的新型模式开始涌现。由于分布式电源的出力受到各类型因素（包括气候、温度以及空间位置等）的影响，它将呈现出很强的波动性，使得地区负荷也具有不稳定性，改变了既有的负荷增长模式。

2) 电价定价机制改变。新一轮电力体制改革后，一方面国家将放开竞争性电价，积极推进交易主体自主协商和集中竞价等市场化定价机制，鼓励符合条件的电力用户与发电企业直接交易，部分交易主体可以依据用电需求规模协商确定销售电价水平，市场环境下电力交易中的价和量之间的影响更加明显，这种影响关系使得电网企业在做负荷预测时需要考虑的不确定性因素增多；另一方面，随着改革步伐的逐步推进，电价模式也将发生一定变化，分时电价和实时电价等新的模式开始出现，电价将逐步体现一种传导作用，使得用户能够结合自己的实际需求来调整电能的使用情况。电价影响电量的作用将更加明显。总之，新一轮电力体制改革后，电力市场中电价与电量之间的相互影响作用将进一步加强，正是这种相互作用关系使得电网企业在进行负荷预测的时候需要考虑的因素增多，给传统的负荷预测方法带来了新的挑战。

3) 多类型需求侧资源参与。依据 9 号文的文件精神，新一轮电力体制改革将着力推广需求侧响应技术在用户侧的应用，随着需求侧响应技术的大范围推进，未来影响用户的用电负荷特性的因素将更加广泛。除了影响电力负荷水平的传统因素（经济发展情况、产业结构、季节以及温度等）之外，新一轮电力体制改革后，用户侧将出现多样化的需求侧资源（电价激励、可中断负荷、静态储能以及电动汽车等），这些需求侧资源参与到需求侧管理过程中将会影响到电力负荷水平，使得电力负荷预测工作考虑的影响因素更多，预测工作难度大幅度增加。

(2) 电网规划目标的变化。新一轮电力体制改革之前，通常结合区域负荷的实际情况和增长趋势来完善地区的电网网架建设，提高电网的供电能力。保障电网运行的安全性是电网规划的主要目的，通常是在满足不同用电地区可靠性要求的基础上，使电网规划项目的投入成本最小或者投资效益最大。一般来说，传统模式下规划方案带来的经济效益规划主体考虑得较少，而更加注重规划项目的社会效益。

新一轮电力体制改革后，一方面，整个社会利益的最大化仍旧是电网企业要承担的社会责任之一；另一方面，电网企业作为独立经营的法人，其主要目标将从未进行发、输、配、售分离前的发、输、配电整体利益最大化转变为单个企业的项目综合效益最大化，这就要求电网规划更加凸显"精益化"的特点，表现在规划工作更加精准，规划项目经济效益更加突出。而电网企业的社会责任与其企业自身的盈利性要求往往是矛盾的，在市场环境中，只有同时发挥"看得见的手"与"看不见的手"双重作用，进一步建立政府有效宏观调控机制，完善市场体系，衡量规划项目所带来的经济效益来确定电网规划方案，才能尽可能地实现这两个目标的最大化。新一轮电力体制改革前后电网规划目标的转变如图 2.4 所示。

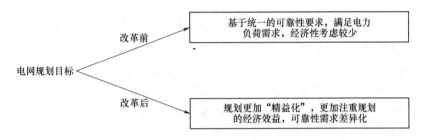

图 2.4　新一轮电力体制改革前后电网规划目标的转变

从电网规划项目上来看，新一轮电力体制改革之前电网规划的主要目的是满足新增负荷需求、提高电网可靠性、消除设备安全隐患以及满足电源配套送出等；新一轮电力体制改革后，市场竞争加剧，新的售电主体和新的投资主体进入，电网企业为了抢占市场先机除了满足已有规划项目的需求外，将需要考虑战略性布点、输电走廊的预留等适应市场竞争环境的规划项目需要。因此，新一轮电力体制改革后电网企业规划时考虑的因素增多，规划目标受市场化的影响较大。

（3）电网规划可靠性要求的变化。新一轮电力体制改革后，电网规划面临的不确定性因素增多，作为制定规划时首要考虑的因素——电网可靠性在新的形势下也受到较大的影响，主要表现在以下两个方面：

1）系统潮流分布的不确定性增强，可靠性要求更高。未来，多元化的售电主体进入意味着各类用户具有了更多的用电选择权，特别是带有配网的售电主体的介入，使得配网侧系统潮流波动性较改革前更大，进而会造成系统潮流分布的不稳定。此外，随着智能配电网技术的发展，配电侧带有分布式电源、电动汽车以及储能性质的广义负荷接入使得动态负荷的互动特性更加突出，增大了配网侧电力系统的扰动，系统潮流的不确定性也在这方面得到体现。在进行电网规划时，这些不稳定性因素对规划的可靠性提出了更高的要求。

2）对供电质量要求的差异化更加突出。一方面，在竞争性电力市场中，供电可靠性仍将作为考核电网企业的关键指标之一，通过确定不同用电地区的供电质量标准，将企业的经济效益与供电质量的责任挂钩，迫使电网企业在制定规划方案时不断提高其经营区域的供电质量；另一方面，市场环境下，部分用户具有供电选择权，一部分对供电质量要求较高的用户一旦供电质量达不到他们的要求可能会造成优质用户的流失，而对于供电质量要求不是很高的一些用户愿意用较低的可靠性来换取一个较低的电价，这就使得用户对供电质量的差异化需求越来越明显。差异化需求直接对电网规划方案的制定产生影响，若对不同用户的可靠性需求不加以区分都采用较高供电可靠性要求来制定电网规划方案，对于电网企业来说是不经济的，因此，提升了对电网规划工作的要求。

2. 电网运营模式的变化

9 号文改变了电网的盈利模式，使电网从盈利性单位变为公用事业单位，只能收取政府监管下的过网费。因此，电网将变原有电网运营模式，形成适应新一轮电力体制改革政策下的电力市场化交易模式：

（1）单独核定输配电价。政府定价的范围主要限定在重要公用事业、公益性服务和网络型自然垄断环节。根据各省（自治区、直辖市）输配电价改革试点方案，按照"准许成本加合理收益"的原则，分电压等级核定共用电网输配电价格和专项输电服务价格，并向社会公布，接受社会监督。在条件成熟的情况下，进一步考虑用电负荷特性、输电距离对输配电价的影响。用户或售电主体按照其接入的电网电压等级所对应的输配电价支付费用。

（2）分步实现公益性以外的发售电价格由市场形成。放开竞争性环节电力价格，把输配电价与发售电价在形成机制上分开。参与电力市场交易的发电企业上网电价由用户或售电主体与发电企业通过协商、市场竞价等方式自主确定。参与电力市场交易的用户购电价格由市场交易价格、输配电价（含线损）、政府性基金及附加 3 部分组成。其他没有参与直接交易和竞价交易的上网电量以及居民、农业、重要公用事业和公益性服务等用电，继续执行政府定价。

（3）妥善处理电价交叉补贴。结合电价改革进程，配套改革不同种类电价之间的交叉补贴。过渡期间，由电网企业申报现有各类用户电价间交叉补贴数额，经政府价格主管部门审定，扣除老电厂提供的电价空间后，通过输配电价回收。

（4）建立辅助服务分担共享新机制。适应电网调峰、调频、调压和用户可中断负荷等辅助服务的新要求，完善并网发电企业辅助服务考核机制和补偿机制。根据电网可靠性和服务质量，按照谁受益、谁承担的原则，建立用户参与的辅助服务分担共享机制。用户可以结合自身负荷特性，自愿选择与发电企业或电网企业签订保供电协议、可中断负荷协议等合同，约定各自的辅助服务权利与义务，承担必要的辅助服务费用，或按照贡献获得相应的经济补偿。

（5）积极参与跨省跨区跨境电力市场交易。按照国家的统一安排和省级政府间的合作协议，支持电力企业将省内富余的电力电量，采取以中长期交易为主、临时交易为补充的交易模式输送到区域或全国电力市场交易，促进电力资源在更大范围内优化配置。跨省跨区跨境电力交易的市场主体目录、出入量形成机制由省政府公布，交易合同要及时向电力交易机构、省政府有关部门、国家能源局省级监管办备案。

2.4.2　电网规划建议方向

电网规划方案指导电网企业进行投资决策,电力市场建设为当地经济发展起到了一定的缓冲作用,为促进清洁能源消纳也发挥了重要作用。但是,在未来更多样的负荷特性环境以及更大规模的清洁能源接入情况下,应更全面、综合地考虑当地电网规划,建立强劲高效的输配电网络。

(1)强化电力系统整体规划。未来电力系统在市场环境下、在较大规模清洁能源并网所形成的混合能源时代条件下,如何在规划层面和运行层面同时实现电力系统总体优化是面临的最有挑战性的问题。加强各地电力系统整体规划,应当实施综合资源规划模式,就是要充分运用智能电网技术,实施"源-网-荷-储"协调规划和运行的体制机制政策,由电网规划引导电源规划,通过微网、智能配电网等技术将数量庞大、形式多样的电源进行灵活、高效的组合应用,从而实现各种发电资源及发输配售之间的协调互补。只有在这种规划机制下,才能降低"双侧随机性"对电力系统安全稳定运行的不利影响,同时实现清洁能源的高效开发利用。

(2)可靠性和经济性兼顾。新一轮电力体制改革后,发电侧、售电侧相继放开,中间的电网企业将分离出来作为独立的法人进行运作,由于国有资产保值增值的需求,电网企业在竞争更加激烈的环境中将更加注重企业自身的经营效益;然而,由于未来国家将进一步加强电网企业的统筹规划,政府相关部门会严格监管包括电网规划、投资在内的多种业务。新形势下,二者之间的博弈将使得电网规划的目标发生转变,电网规划工作将要面临更多的外部约束,在更复杂的环境下,既要保证电网规划的可靠性,更要提高设备利用率,兼顾经济性。

(3)加强配套监管。未来,电网规划运营的配套监管仍需以完善的法律法规作为保障,世界各国基本都是在推动电力体制改革前出台与市场相匹配的新一轮电力体制改革方案,修订后的《中华人民共和国电力法》一定要和新一轮电力体制改革相配套,"有法可依"是"有法必依、执法必严、违法必究"的根本前提。"有法必依、执法必严、违法必究"要求各级政府、各相关部门依法监管,规范自身的监管行为。未来监管的结构会更复杂,既有中央政府监管部门对央企的监管,也有地方政府对相关市场主体的监管。

2.5　小　　结

本章具体介绍了对我国电力体制改革进程,包括电力体制改革的历程、新一轮电力体制改革的深入解读、电力体制改革的阶段性成果以及发展方向;介绍了新一轮电力体制改革对电力系统及相关产业的影响;着重就某省电力体制改革历程及发展趋势进行了详细说明;论述了新一轮电力体制改革对电网规划建设及运营的相关影响,并指明了电网规划建议方向。

中国南方电网有限责任公司（以下简称"南方电网公司"）在中长期发展战略中明确提出：电网发展要向更加"智能、高效、可靠、绿色"的方向转变。在新一轮电力体制改革的形势下，为促进电网企业改进管理、降低成本、提高经营效益，应进一步在保证电网可靠性的前提下，提高电网和设备利用率，降低电网建设和运行成本。

同时，新一轮电力体制改革政策中关于坚持节能减排和清洁能源优先上网的内容，即在确保供电安全的前提下，优先保障水电和规划内的风能、太阳能、生物质能等清洁能源发电上网，促进清洁能源多发满发的导向，必将有利于分布式发电的接入及发展，而这些都对电网设备的利用率有重大影响。

因此，电网和设备利用率作为电网经营的重要衡量指标，其水平高低反映了电网企业的整体经营水平。重新分析新一轮电力体制改革政策下输电网利用率的影响因素，研究如何在保证电网安全可靠前提下，尽可能提高电网利用率，是新一轮电力体制改革政策下，电网规划建设及电网运行中必须关注的重要问题。

3.1　某省输电网设备利用率现状

3.1.1　输电网现状

2017 年年底，某省共有 500kV 变电站 29 座，变电容量 4461 万 kVA；220 kV 变电站 140 座，变电容量 4641 万 kVA；500kV 输电线路 12586km，220kV 输电线路 15388km。

3.1.2　输电网设备利用率现状

1. 容载比

（1）全网情况。2017 年某省全网 500kV、220kV 容载比分别为 3.05、3.14。根据相关规程规范，全网容载比均偏高，变电容量裕度较大。需要说明的是，2015 年该省全社会用电量持续负增长，而 2016 年增长较缓，但电网网架完善项目仍然按时建成投产，导致 500kV 和 220kV 容载比较高。

（2）各市（州）情况。

1）500kV 层面，各市（州）容载比均超规程上限。其中较高的 3 个市（州）容载比为 3.77～5.24；5 个市（州）容载比为 2.51～2.99；较低的两个市（州）容载比约为 2.0。

2）220kV 层面，某省各市（州）容载比中，16 个市（州）均超规程上限，其中 2

个市（州）较高，容载比超过 4.0；6 个市（州）容载比为 3.0～4.0；8 个市（州）容载比为 2.0～3.0。

2．变电站重、轻载情况

（1）变电站重载情况。从各电压层级重载情况来看，500kV 变电站重载 1 座，重载占比为 3.57%；220kV 变电站重载 1 座，重载占比为 0.72%，重载原因主要为周边规划电网项目未按期投产。

（2）变电站轻载情况。从各电压层级轻载情况来看，500kV 变电站轻载 18 座，轻载占比为 64.29%；220kV 变电站轻载 84 座，轻载占比为 60.43%。500kV、220kV 变电站轻载的主要原因包括局部电网电源供应过剩、负荷发展不达预期、主动承担社会责任、项目新近投产。

3．输电网设备利用率

在输电网设备利用率方面，该省 220kV 及以上电压层面容载比均偏高较多，变电容量裕度较大；变电站利用率方面，变电站整体轻载占比为 61.08%，超过变电站一半的数量，利用率偏低。

由于近两年该省全社会用电量为负增长或增速较慢，负荷不达预测较为普遍。

3.2 新一轮电力体制改革政策下输电网设备利用率影响因素分析

结合某省输电网设备利用率现状可知，输电网设备现状利用率低下的原因包括负荷发展未有达到预期、局部电网电源供应过剩、主动承担社会责任以及项目新近投产等，这些原因的背后，主要是电网的建设受负荷特性、网架结构设计、安全可靠运行等诸多因素的影响。考虑电力体制改革配套文件中分布式电源的优发满发鼓励政策，输电网设备利用率必将进一步受到影响。因此，本节以新一轮电力体制改革政策为切入点，分析电力体制改革前后，输电网设备利用率影响因素的变化情况，并系统深入地研究新的影响因素，从而为输电网设备利用率的提升提供参考建议，引导电网良性发展。

新一轮电力体制改革政策发布前，输电网设备利用率主要影响因素有安全运行标准、电源结构及分布、网架结构、负荷特性及分布式电源和电网发展裕度等。新一轮电力体制改革政策实施后，这些影响因素均产生了一定的新特性。新一轮电力体制改革前后输电网设备利用率影响因素变化分析如图 3.1 所示。

以下就新一轮电力体制改革政策实施前后，影响输电网设备利用率主要因素展开详细论述。

3.2.1 安全运行标准

为保证电网运行的安全性及稳定性，电网规划、设计阶段必须考虑主变压器、线路等留有一定的容量裕度，因此，输电网设备利用率不可能接近或者达到 100%。通常对电网的安全性要求越高，需要的容量裕度也就越大，所对应的事故、检修、负荷等各种备用容量也随之增大，电网的整体利用水平也就越低。在输电网规划设计中应全面权衡

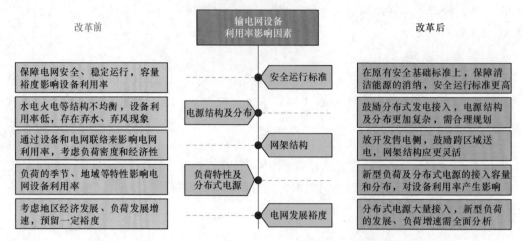

图 3.1 新一轮电力体制改革前后输电网设备利用率影响因素变化分析

安全性与利用效率,在满足安全运行约束的同时寻找经济最优,以达到两者间的最佳平衡。

目前发电侧放开已在形式上基本实现,新一轮电力体制改革要解决提高竞争度的问题。9 号文将分布式电源的发展问题单列出来,并多次提及落实可再生能源发电保障性收购制度,《关于改善电力运行调节促进清洁能源多发满发的指导意见》作为 9 号文的首个配套文件,政策落脚点也是解决清洁能源在发电侧的上网问题。因此,随着大规模分布式电源的并网,势必使得电网结构更复杂,安全运行难度加大,稳定性要求更高,不利于输电网设备利用率的提高。

3.2.2 电源结构及分布

电源结构及分布情况主要影响系统的潮流分布,进而影响输电网设备的利用效率。不同类型的电源发电能力不同,水电的年平均利用小时数要低于火电,风电、光伏等新能源发电年平均利用小时数更低。同时水电还会受到季节、气候的影响,风电、光伏发电会受到天气的影响,因此,发电设备的利用情况会直接影响电网设备的利用水平。

另外,对于短距离供电的负荷,输电线路较短,输电能力强,利用率相对较高;对于远距离、大规模供电的负荷,线路较长,输电能力下降,利用率也随之降低。因此,电源分布也会明显影响输电设备的利用效率。

以水电的出力特性为例,某省主网丰期重载设备主要分布在水电送出通道,如该省电网西部地区、东北部地区水电集中送出断面;而枯期重载设备则集中在火电送出区域、受小水电影响的负荷较重地区,主要分布在该省电网中部、南部、东部地区。因此,不可避免地出现输变电设备季节性冗余,导致难以提高输电网整体利用率,并存在较严重的弃水现象。该省西北、西南等地中小水电当地消纳自我平衡也导致了输变电设备季节性冗余、部分输电网设备利用率低。该省中小水电规模大、分布广,丰、枯出力差别大,导致上网主变高峰负荷时间较短,大部分输变电容量处于备用状态。

同时,电力体制改革政策的配套文件之一——《关于有序放开发用电计划的实施意见》中明确提出，在确保供电安全的前提下，优先保障水电和规划内的风能、太阳能、生物质能等清洁能源并网发电，促进清洁能源多发满发。这意味着新一轮电力体制改革后电源结构中具有反调峰特性的电源占比将进一步加大，电源结构更为复杂，这对输电网设备利用率的提升提出了更高的要求。因此，在电源结构上，应在充分利用水资源的前提下，做好水电、风电、火电等不同类别能源间的协调匹配，以提高电网整体利用率。

3.2.3　网架结构

电网的网架结构主要是由变电站和线路组成。对于整个电网来说，变电站之间的联络，也就是不同电压等级主变之间的联络影响设备利用率。网架结构对输电网设备利用率的影响主要体现在变电站、线路、电网3个方面。

在变电站内，影响输电网设备利用率的主要是主变压器和电气主接线。一方面，对于主变压器来说，影响设备利用率的因素是台数和容量，其中，主变压器台数可以影响设备负载率极值，且极值随着台数的增加而相应增高；另一方面，对于电气主接线来说，其复杂程度同样决定了设备的利用率。

对于线路来说，接线模式和回路数是影响设备利用率的两大因素。线路的接线模式决定着每条线路负载率的极值，而线路的利用率是由负载率所决定的，因此接线模式同样影响着线路的利用率。

同样以某省电网为例，随着负荷中心区域的网架不断加强，部分输电线路逐步转化为联络线路，功率交换较小，导致潮流较轻，利用效率降低。该省水电装机多集中在西部高山地区，受地理环境影响，水电外送通道建设困难较大，送出线路及网架规划并不完善，且缺乏电量送出交易的相关政策，导致一定的窝电和弃水现象。因此，该省输电网形成了水电送出端电能浪费、负荷区域端电网设备轻载、利用率低下的状况。

下面结合该省电网网架近年来发展情况，分析网架结构变化对其电网设备利用率的影响。

（1）以水电为主，水电比重越来越高。该省水电资源十分丰富，是我国重要的水电基地。截至2017年，全省水电装机比重已超过70%。

（2）电力"既多又少"，丰期"用不完"，枯期"不够用"。该省可建造的具有年以上调节能力的大型水电站不多，无论近期还是远期，水电出力特性总体上维持丰多枯少状况。另外，该省电网的负荷是丰期小、枯期大，正好与水电出力特性相反，加剧了丰、枯电力供应的矛盾。

（3）潮流丰枯不同向。该省水电主要分布在西部，火电主要分布在东部，而用电负荷则主要集中在中部，电网丰、枯期潮流变化大。丰期水电大发，潮流整体上呈西电东送格局；枯期火电大发，省内潮流自东、西两端流向中部。

（4）为南方电网西电东送主力和重要送端电网。该省电网由于其特定的地理位置，"十三五"及以后，承担更为复杂和繁重的西电东送任务。

综合上述，该省以水电为主的电源结构，以及电源东火西水的地理分布，决定了其主干网架除了支撑电源送出、满足各区域供电以外，还要适应不同季节网内水电、火电互济，从而不可避免地出现输变电设备季节性冗余。

此次新一轮电力体制改革的亮点是放开售电侧，培育售电市场和售电主体，而电力市场化改革的关键是实现跨省、跨区电力交易。对于该省富余的水电来说，跨区域电力交易市场的建立，将有效引导电力资源合理配置，同时盘活其他地区的输变电存量资产。为了达到该目的，该省电网规划过程中必须加强输电网的灵活性，加强省内网架的建设和改造，增强 500kV、220kV 网架供电能力，尤其是提高省内水电外送通道能力，并推动各级电网协调发展，提升电网整体供电能力，整体提高输电网设备利用效率。

3.2.4 负荷特性及分布式电源

负荷特性是影响输电网设备利用率的另一重要因素，它反映了电网设备实际所承受的负荷量，进而影响设备的负载率，最终将影响设备的利用率。举例来说，某些地区用电负荷在夏季明显要高于冬季，因此夏季的输电网设备利用率就明显高于冬季；反之，某些地区冬季的输电网设备利用率明显高于夏季。

随着智能化设备的发展以及相关电价激励政策的引导，传统负荷又具有了一些新特性。因此，根据负荷是否具备可控可调性，又可将负荷分为传统负荷和新型负荷。传统负荷或不可控负荷主要指用电特性固定，几乎不受电价机制影响的负荷；传统负荷是现有电网负荷的主要组成部分。从行业上来看，不可控负荷包括生活与行政办公基本用电、工厂用电、农业用电及公共交通用电等。这部分负荷用电时间较为固定，用电需求变化规律也较为固定，因此属于不受电网统一调度控制的负荷部分，其负荷特性曲线受电价等外在因素影响较小。新型负荷是指负荷用电特性易受电价机制影响，用电时间以及用电量可控、可调，可有效支持电网错峰的负荷，包括可中断负荷、可控负荷等。目前随着社会经济的发展以及错峰需求的引导，新型负荷的比例正逐年增加。

另外，新一轮电力体制改革政策中提出，分布式电源接入低压用户侧，采取"自发自用、余量上网、电网调节"的并网方式，相当于抵消了一部分用电负荷，因此也可以将其看成一种"反负荷"特性。基于此，下面分别从传统负荷特性、新型负荷特性、分布式电源 3 个方面来分析负荷对输电网设备利用率的影响。

1. 传统负荷特性

传统负荷峰谷差反映着负荷特性的变化，即最大负荷与最小负荷之间的差值越大，则负荷特性就越差；反之，差值越小，负荷特性越好。影响这种负荷峰谷差的因素也很多，如季节因素、地域因素、用户类别及比例因素、用电智能化水平等。

(1) 季节因素和地域因素。季节因素和地域因素是影响峰谷差的一个重要方面。不同地域、不同季节电网的负荷特性是不同的，对应的输电网设备利用率就不同。例如，南方和北方负荷曲线不同，对应的负荷峰谷差也就不同，输电网设备利用率随之也不同，南方 7 月和 8 月是气温最高的时期，全年用电的最高峰时期也一般出现在这个时期，所以输电网设备利用率在此时有明显提高。我国正处于经济快速发展的时期，近年来负荷增长相对较快，年负荷曲线起伏相对较大，用户使用空调的比例也越来越大，因此对负荷特性的影响也日趋明显，进而导致输电网设备利用率产生变化。因此，季节因素和地域因素是影响输电网设备利用率的一个重要因素。

(2) 用户类别及比例因素。地区的用户类别及比例决定当地负荷曲线波动幅度的大小，负荷曲线的波动会影响负荷峰谷差，进而影响电网设备的利用率。例如，对于以钢铁、冶金等高耗能用户为主的地区，其负荷曲线峰谷差较小，用户最大负荷利用小时数一般在 5000h 以上，对应的电网设备的利用率相对较高；对于受气候、气温等影响较大，以民用、商业等三产负荷为主的地区，电网峰谷差较大，用户最大负荷利用小时数不高，电网设备的利用率也就不高；而对于向电铁负荷供电的电网设备，由于电铁负荷本身具有瞬时负荷大、年用电量水平低等特点，实际用电量往往低于预测值，但电铁负荷对供电可靠性要求较高，导致为电铁负荷供电的输电网设备利用率低。

（3）用电智能化水平。智能化是当前电力系统经常提及的，其主要作用就是削峰填谷，改善负荷峰谷差，从而有效提高输电网设备利用率，且智能化水平越高，相应的改善程度就越好，输电网设备利用率也就越高。例如，经济发达地区的智能化水平相对较高，输电网设备利用率也就相对较高。我国在智能化水平上和西方国家相比，还有一定的差距，因此，提高用电智能化水平也是提升输电网设备利用率的一个关键因素。

2. 新型负荷特性

随着社会经济新常态的发展，负荷特性变得更加多样化、复杂化。如新型的电动汽车充电桩负荷、阶梯电价下的可控可调负荷以及分布式电源接入等。结合现有配电网现状，可将系统中的新型负荷按其可控程度分成可中断负荷、可控负荷和可调负荷。

（1）可中断负荷。可中断负荷事先由用户与电网公司签订可中断协议，在系统峰值的固定时间内或在电网公司要求的任何时间内，减少协议用户的用电需求。负荷需求的减少可以通过用户自己安装的需求限制器实现，或者电网公司发出控制信号来中断用户的部分用电设备。可中断协议的内容包括可中断的负荷量、中断时间、可中断电价或补偿、提前通知时间及违约惩罚等。从配电网管理角度讲，最终能够由配电网进行特定时段内统一调度的负荷形式为签订可中断协议负荷，这样才能保证有效地消除高峰负荷，减轻配电网的压力，提高输电网设备利用率。

（2）可控负荷。可控负荷在配电网中主要考虑可中断负荷，是指用电时间比较灵活、具备一定时间尺度上可平移特性的负荷。此类负荷可以在特定时段允许有条件停电，并能获得一定补偿。这类负荷可以接受配电网需求侧管理机制的控制，是未来电网发展的典型负荷之一。传统的可中断负荷研究主要集中于系统调峰备用、阻塞管理等方面，随着新技术的研发，其概念得到了外延与扩充。应用于未来电网系统中的可中断负荷主要为冶金、水泥、塑料、纤维、纺织和造纸等工业用户以及部分居民用户。

（3）可调负荷。可调负荷是非直接负荷控制（Indirect Load Control，ILC）策略的管理对象，包括居民用户的空调及洗衣机使用、电动汽车充电、特定产品加工等可在时间尺度上平移的负荷。可调负荷并不能通过电网的整体调度直接控制，而需要通过某些引导机制来对其接入时间进行调节，以达到避开用电高峰、对区域整体负荷曲线削峰填谷的目的。对可调负荷接入影响最大的需求侧管理措施是设置分时阶梯电价，通过对不同时段合理设置电价，将会促使用户选择在电价较低的时段接入可平移负荷，从而在一定程度上降低负荷峰值，促进负荷在时间尺度上的合理分布，提高输电网设备利用率。

同时，由于可调负荷不可直接控制的特点，对其进行的调节并不具备即时性，也不能确定调节措施对接入率的影响。可调负荷在不同时段的接入率由时段电价、电价阶梯差、用户生活习惯、用户经济水平等诸多要素共同决定，因此可调负荷接入率关于时间的变化曲线具备较大的概率性。随着社会的发展，对可调负荷进行友好的引导并辅以合理的管理机制就可以将其发展为可控负荷。

值得一提的是，电动汽车作为节能环保的低碳新技术，是未来智能电网发展的重要组成部分。电动汽车充电桩作为一种新的负荷类型，它的充电负荷特性与充电模式密切相关。根据电动汽车用途的不同，可以将其划分为4类：公交车、出租车、公务车和私家车。按照4类不同电动汽车的运行特性，它们所适用的充电方式也不尽相同。对于电动汽车充电桩负荷，可以通过响应阶梯电价的慢充/常规充电/快充方式以及与换电站签订可中断协议的方式来参与电网调度，因此分属于可调负荷及可控负荷。

3. 分布式电源

分布式发电（Distributed Generation，DG），通常是指发电功率在几千瓦至数百兆瓦的小型模块化、分散式、布置在用户附近的高效、可靠的发电单元。分布式发电的优势在于可以充分开发利用各种可用的分散存在的能源，包括本地可方便获取的化石类燃料和可再生能源，并提高能源的利用效率。国家对分布式发电的政策是"自发自用、余量上网、电网调节"，因此将其视为"反负荷"特性，即出力为负的负荷，从负荷总量上进行扣减，它和新型负荷一起影响着总体负荷的预测，因此放在新型负荷处一并分析。

分布式电源主要以10kV专线或0.4kV低压侧接入配电网，重点为本地负荷提供支持。配电系统直接面向终端用户，是提升居民生活水平与保证地区经济高速发展的重要环节。新一轮电力体制改革力争改变过去清洁能源发电与电网企业之间的被动关系，大幅降低其接入难度，提高清洁能源电力交易的可能类别。这将极大地促进分布式电源产业的发展、扩大分布式电源的接入量。

分布式电源主要分为连续性DG和间歇性DG两种。连续性DG无波动性，出力可控，能较好地跟踪负荷的变化，便于调节网供负荷（系统负荷与DG出力的差值）峰谷，故连续性DG常用于电网调峰。在配电网规划与建设中，利用连续性DG调峰，可以减小网供负荷波动与峰值差，从而提高配电网设备的负荷利用水平。间歇性DG出力具有波动性与随机性，如光伏发电，在白天光伏出力的情况下，可减少网供电，而在夜间不出力的情况下，考虑系统可靠性等因素，配电网需要为其承担备用容量，一定时间内使得设备闲置，因此，对于大量分布式发电的接入，不能单纯地考虑其白天发电或夜间不发电的情况，而应采用统计的方式进行计算，从而正确判断其对负荷的影响。

随着新一轮电力体制改革政策对分布式发电推广力度的加大，分布式电源渗透率将逐步提高，新型负荷下电网规划中的电力电量平衡将不再是"电网"与"负荷"间的平衡，而是"电网""分布式电源""负荷"以及"储能"之间的平衡。在负荷预测时，需要在原有影响因素的基础上，考虑可控可调负荷的移峰作用，并在负荷预测数值的基础上，扣减掉分布式电源所供的部分负荷，使用需由电网供电的净负荷来进行电网规划，从而选择合适的电网设备，减少电网投入，提高输电网设备利用率。

综上所述，当可控可调负荷的占比越来越大时，针对可控可调负荷进行电网调峰的可能性就越大；当分布式发电渗透率越来越高（为保证电网稳定，需控制在一定范围内）时，电网所供负荷就会在一定程度上减少，电网设备的投入就会降低，电网设备的利用率也会受到影响。因此，经济发展下的新负荷特性，是社会不断发展情况下，影响输电网设备利用率的一个重要因素。

3.2.5　电网发展裕度

输电网规划通常根据规划期间的负荷需求预测计算输电设备容量，为电力需求的不断增长留有发展裕度，新建电网设备的利用水平在投运初期通常较低，随着负荷的发展，用电需求的增加，输电网设备的利用效率会逐渐提高。

"十三五"期间，我国经济进入 L 形发展阶段，即经过增速明显下降后，在一定增速上基本保持平稳运行，不会出现强劲的反弹，也不会出现明显的失速。新一轮电力体制改革配套文件中，放开售电侧，鼓励符合国家准入条件的配电网企业成立售电公司，采取多种方式通过电力市场购电，在按照国家有关规定承担电力基金、政策性交叉补贴、普遍服务、社会责任等义务前提下，向用户售电。对于工商业用户来讲，新一轮电力体制改革的政策措施赋予了工商用户更多的自主选择权，用户可以根据自身实际需要选择发电商，也有了通过竞价降低自身用电成本的可能。因此，可控可调等新型负荷势必会对负荷峰谷差产生影响，限制负荷的增速；同时，分布式电源接入的放开，也会降低负荷峰谷差并降低电网直供负荷的基数。

随着售电侧竞争的加强以及电能替代的推行，电力作为商品，其交易量也会随着市场的完善而不断提高，从而使得负荷整体呈上升趋势。因此，未来的负荷预测将受负荷特性、分布式电源接入和电力市场调控等多方面因素的影响，而电网建设裕度的合理判断也更加复杂化，这都将对输电网设备利用率产生影响。

3.3　输电网设备利用率评估指标及标准

由上述影响因素分析可知，输电网设备利用率除受原有因素影响外，还增加了发电不确定性、负荷不确定性、电能交易的不确定性和线路潮流的不确定性等。其中大量的电力金融交易将改变电网的物理潮流走向，相比原先相对稳定的潮流走向，随着不同时段交易模式的变化，潮流会发生较大的变化。

因此，本节在常规输电网设备利用率评估指标体系基础上，探索新型输电网设备利用率评估指标，以使输电网设备评估工作更加准确、科学。

3.3.1　评估指标

输电网设备利用率评估指标主要分为输电网利用率和设备利用率两个方面，其中：输电网利用率评估指标考察的是电网整体利用情况，设备利用率评估指标是针对主变压器和线路的具体利用情况；输电网利用率由主变压器和线路的利用率汇总得到，输电网设备利用率评估指标如图 3.2 所示。

1. 输电网利用率评估指标

输电网利用率评估指标主要为输电网利用效率，采用全网及各市（州）的各电压层级容载比、系统平均利用率、系统平均潮流均匀度来衡量。

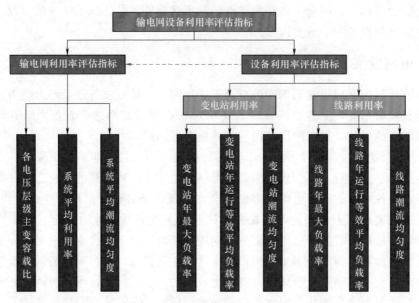

图 3.2　输电网设备利用率评估指标

（1）容载比。容载比是反映一定区范围域内电网变电设备整体供电充裕度的重要指标。各电压层级容载比原则上应按最大降压负荷计算，高峰负荷与最大降压负荷差异不大时可近似采用高峰负荷时刻降压负荷计算容载比，具体计算公式为

$$R = \frac{\sum S}{P_{\max}} \tag{3.1}$$

式中：R 为容载比；$\sum S$ 为区域内同一电压等级最大负荷日投入的变电总容量；$P_{\max}$ 为该电压等级最大负荷日的最大负荷。

容载比是各电压等级供电能力与对应最高负荷之比，描述在供电区域内投产变电容量是否合理、变电容量的裕度是否合适，用于引导供电企业合理控制投资规模。同时，容载比也是保障电网发生故障时负荷能否顺利转移的重要宏观控制指标，是宏观控制变电总容量、满足电力平衡、合理安排变电站布点和变电容量的重要依据。

容载比是否合理，直接影响到电网运行的可靠性以及建设投资的经济性。容载比过大，变电站容量储备大，电网建设早期投资增大，电网运行成本增加；容载比过小，变电站容量不足，电网运行风险大，适应性变差。

（2）系统平均利用率。系统平均利用率反映某类输电设备利用率的分布情况，包括变电站平均利用率、输电线路平均利用率，具体计算如下。

1）变电站平均利用率：

$$U_{\text{变电站平均利用率}} = \frac{A_1 T_{\text{重载区间}} + A_2 T_{\text{中间区间}} + A_3 T_{\text{轻载区间}}}{T} \tag{3.2}$$

该式对各电压等级变电站年最大负载率分布情况进行评估，按照重载、轻载和重载、轻载之间 3 档，分析变电站年最大负载率不同区间的频数情况，$A_1 \sim A_3$ 为年最大负载率各个不同区间变电站占比的分值权重，可根据不同地区对轻载、重载的重视程度进行设定，本书考虑通常意义上变电站重载、轻载对电网设备利用情况的影响，取

$A_1 \sim A_3$ 为 (0.95, 0.95, 0.4); T 为输电系统中不同电压层级变电站的总数。

2) 输电线路平均利用率:

$$U_{输电线路平均利用率} = \frac{A_1 L_{重载区间} + A_2 L_{中间区间} + A_3 L_{轻载区间}}{L} \quad (3.3)$$

该式对各电压等级输电线路年最大负载率分布情况进行评估,按照线路重载、轻载以及重载、轻载之间 3 档,分析输电线路年最大负载率占比,$A_1 \sim A_3$ 为各个不同区间线路占比的分值权重,考虑通常意义上输电线路重载、轻载对输电网设备利用情况的影响,取 $A_1 \sim A_3$ 为 (0.95, 0.95, 0.4); L 为输电系统中不同电压层级输电线路的总条数。

(3) 系统平均潮流均匀度。反映系统潮流的分布均匀情况,是输电设备潮流均匀度的平均值。认为潮流分布较为均匀为输电设备利用情况较好,包括变电站平均潮流均匀度和输电线路平均潮流均匀度。

1) 变电站平均潮流均匀度:

$$U_{变电站平均潮流均匀度} = \frac{\sum_{i=1}^{T} (U_{变电站潮流均匀度})_i}{T} \quad (3.4)$$

式中:$U_{变电站潮流均匀度}$ 为不同电压层级各变电站潮流均匀度; T 为输电系统中不同电压层级变电站的总数。

2) 输电线路平均潮流均匀度:

$$U_{输电线路平均潮流均匀度} = \frac{\sum_{i=1}^{L} (U_{输电线路潮流均匀度})_i}{L} \quad (3.5)$$

式中:$U_{输电线路潮流均匀度}$ 为不同电压层级各输电线路潮流均匀度; L 为输电系统中不同电压层级输电线路的总条数。

2. 设备利用率评估指标

在电网设备资产中,变压器和线路是最重要的设备,其设备利用率在某种程度上反映了电网的资产利用是否合理,主要表征指标为变电站及线路的最大负载率、等效平均负载率和潮流值。变电站、线路的负载率大小受所在地区的负荷密度、负荷特性影响,且与自身电压等级、输变电容量相关,因此不同的变电站、线路负载情况差异较大。

(1) 变电站利用率。

1) 变电站年最大负载率。变电站年最大负载率反映变电站高峰负荷时刻的负载率情况,具体计算公式为

$$U_{变电站年最大负载率} = \frac{变电站年最大负荷}{变电站额定容量} \quad (3.6)$$

2) 变电站年运行等效平均负载率。变电站年运行等效平均负载率反映变电站下网(上网)负荷的年平均水平,具体计算公式为

$$U_{变电站年运行等效平均负载率} = \frac{变电站年下网电量 + 变电站年上网电量}{变电站额定容量 \times 8760} \times 100\% \quad (3.7)$$

3）变电站潮流均匀度。其计算公式为

$$U_{变电站潮流均匀度} = \frac{std(P_{变电站})}{mean(P_{变电站})} \tag{3.8}$$

式中：$P_{变电站}$为输电系统中变电站的仿真潮流结果，是变电站稳态下的有功功率值；mean( )为变电站潮流的均值；std( )为变电站潮流的均方差。

（2）线路利用率。

1）线路年最大负载率。线路年最大负载率反映高峰负荷时刻的线路负载率情况，具体计算公式为

$$U_{线路年最大负载率} = \frac{线路年最大负荷}{线路极限输送功率} \times 100\% \tag{3.9}$$

2）线路年运行等效平均负载率。线路年运行等效平均负载率反映线路某一年的利用效率情况，具体计算公式为

$$U_{线路年运行等效平均负载率} = \frac{线路年总输电电量}{线路经济输送功率 \times 8760} \times 100\% \tag{3.10}$$

3）线路潮流均匀度。其计算公式为

$$U_{线路潮流均匀度} = \frac{std(P_{输电线路})}{mean(P_{输电线路})} \tag{3.11}$$

式中：$P_{输电线路}$为输电线路的仿真潮流结果，是线路稳态下的有功功率值，std( )为输电线路潮流的均方差；mean( )为输电线路潮流的均值。

3.3.2　指标评估标准

输电网设备利用率评估中，主要评估指标项为容载比、系统平均利用率、系统平均潮流均匀度，输电网设备利用率指标评估标准见表 3.1。

表 3.1　　　　　　　　　　输电网设备利用率指标评估标准

指标类别		评估标准
容载比		500kV 电网容载比范围：1.4~1.6；220kV 电网容载比范围：1.6~1.9
系统平均利用率	变电站平均利用率	500kV 电网变电站平均利用率范围：0~100%，取值越高越好； 220kV 电网变电站平均利用率范围：0~100%，取值越高越好
	输电线路平均利用率	500kV 电网输电线路平均利用率范围：0~100%，取值越高越好； 220kV 电网输电线路平均利用率范围：0~100%，取值越高越好
系统平均潮流均匀度	变电站平均潮流均匀度	500kV 电网变电站平均潮流均匀度范围：0~100%，取值越小越好； 220kV 电网变电站平均潮流均匀度范围：0~100%，取值越小越好
	输电线路平均潮流均匀度	500kV 电网输电线路平均潮流均匀度范围：0~100%，取值越小越好； 220kV 电网输电线路平均潮流均匀度范围：0~100%，取值越小越好

输电网设备轻重载评估标准见表 3.2。采用双高标准（最大负载率、等效平均负载率均超过度量标准上限）判定设备重载，采用等效平均负载率作为判定设备轻载的标准。

表 3.2　　　　　　　　　　　　　　输电网设备轻重载评估标准

类别	评估标准		
	重　载	中间区域	轻　载
变电站 （220kV 及以上）	最大负载率不小于 70%， 且等效平均负载率不小于 40%	非重载和轻载主变	等效平均负载率不大于 20%
线路 （220kV 及以上）	最大负载率不小于 70%， 且等效平均负载率不小于 60%	非重载和轻载线路	等效平均负载率不大于 20%

3.4　输电网设备利用率提升建议

（1）电源间的合理匹配，减小峰谷差。优先消纳存量电源装机，按照用电增长速度开发增量电源，合理分配可再生能源装机占比，保证已开发电源得到充分消纳；推动龙头水库建设工作，研究制定流域梯级水电站联合优化调度运行制度，优化电网运行方式，进一步加强省内电力系统优化调度，在保证电网安全稳定运行的情况下，丰水期火电基本保持最小运行方式运行，腾出更多发电空间让水电多发，并对火电提供的调峰、调压等辅助服务进行合理补偿，保证火电基本生存，使电源间的匹配更加合理。

同时，考虑部分输电网设备利用效率低是由于低压电网配套建设与主网建设不同步造成部分站点负荷较重，而临近的新建站点负荷较轻，负荷难以转移，建议加强各电压等级协调发展，统筹解决容载比超技术原则要求地区变电站轻重载并存的问题。

（2）优化电网项目建设时序。对负载率较低的变电站，适当考虑推迟周边规划站点建设时序，对变电站负载率较低的集中区域，近期不考虑规划新建变电站；对部分区域输电线路冗余度较大的情况，新建站点接入系统时优先考虑利用现有线路。

对于中长期潜在的弃水风险，应结合提高非化石能源消费占比的能源发展目标，明确水电消纳优先级高于煤电的发展思路，优化调整受端省份火电建设时序，尽可能多消纳水电电力。

（3）优化网架结构，合理规划外送通道。通过调整现有电网网络或加强配网建设优化运行，对于一重一轻且距离较近的两座变电站，可通过调整现有网络或加强配网建设优化运行，使负荷均衡分配。

加强省内网架的建设和改造，增强 500kV、220kV 网架供电能力，尤其是提高省内水电外送通道能力，满足丰水期水电全额输送至负荷中心的要求；推动各级电网协调发展，提升供电能力，促进水电消纳。

优化跨区跨省调度机组与省调机组的运行方式，加强监督管理，保证外送通道 7—10 月满负荷外送；根据用电和来水情况，充分利用汛前 4—6 月、汛后 11—12 月外送通道富余能力，提前启动水电外送和延长水电外送时间，最大限度外送电量。

（4）加强需求侧管理。加强负荷管理，引导电力用户的用电方式。根据负荷曲线，总结新型负荷的特性，采用有序用电等措施削减用电高峰期的电力需求，减小部分的用电可以转移到电网负荷的低谷期，以从时序上改变电能的使用。

对用户侧接入的分布式电源装机容量进行合理预测。以分布式电源发电抵消后的净负荷作为电网规划负荷，同时考虑分布式发电的不确定性，兼顾电网安全稳定。通过加强需求侧管理措施，控制高峰时期的负荷，减少新增装机容量，减缓电力的投资建设，从而降低供电成本。

3.5　小　　结

　　本章首先分析了某省输电网的设备利用率现状，给出了该省输电网设备利用率整体偏低的结论；在此前提下，结合新一轮电力体制改革政策，重点从电网安全运行标准、电源结构及分布、网架结构、负荷特性及分布式电源、电网发展裕度等方面分析了该省输电网设备利用率影响因素的变化情况；最后，针对该省总结了输电网设备利用率的评估指标及标准，并给出了输电网设备利用率的提升建议，为未来该省输电网设备利用率的提升研究奠定了理论基础。

第4章 输电网发展协调性影响因素分析

电网是连接电源和用户的桥梁，覆盖范围广阔，设备数量庞大，网架结构复杂，涉及不同电压等级的各类设备。因此，电网各部分之间的协调匹配，对于整个电网的健康发展具有重要作用。同时，负荷分布的影响、环境的影响、智能电网和分布式电源技术的应用以及新一轮电力体制改革政策的发布实施，均给电网发展提出了新的挑战。开展输电网协调发展的研究工作，可以提升电网各环节的相互适应性，进而提高电网规划建设决策水平，提升电网的安全性、可靠性和经济性。

为了更好地服务于输电网发展协调性评估研究，本章从输电网与电源协调、输电网与负荷协调、输电网与经营环境协调以及输电网内部协调4个方面入手，分析影响输电网协调发展的主要影响因素，为后续评估工作提供依据。

4.1 输电网与电源协调影响因素分析

电源与电网既相互独立，又紧密相关，是电力供应共同体的两个部分。电源、电网都有各自的特性和规律，在电力工业的不同发展阶段，其相互作用有所不同。在电力发展初期，电源布局决定了电网，电网规模决定了电厂装机容量大小；当电网规模足够大，电网足够强时，弱化了上述一对一的关系，但相互之间的要求与约束仍然是紧密的。在电力市场条件下，两者的关系又发生了一定的变化：

（1）电源和电网的地位发生了变化。新一轮电力体制改革政策中，放开发、售电市场，发电厂可以自由竞争，因此，在市场条件下，电源和电网成为了独立的市场主体，可根据自身对市场的预期制定独立的发展战略。

（2）电源与电网的关系复杂化。由于两者都具有独立的市场主体地位，其经营总体上都以利润最大化为目标，因此两者的利益目标不可避免地会发生冲突。与此同时，在我国目前的电力市场条件下，同时存在着国家电网、南方电网两家电网经营企业和以五大发电集团为主导的众多独立发电企业，电网经营企业之间、各独立发电企业之间以及电网经营企业与众多的独立发电企业之间同时存在着复杂而微妙的关系。

（3）电网的作用发生了变化。初期电网只是作为电力从电源端输送到负荷端的媒介，其作用比较单一。而在电力市场条件下，电网企业将在政府监管层面按照成本核算，收取合理利润。电网除了输送电力以外，还是电力市场交易的载体。在某些国家，电网经营企业还要负责整个市场的交易和结算，因此电力市场条件下电网的作用显得越发重要。

根据问题型鱼骨图法，输电网与电源协调可分解为电源发展模式、电源结构及分布、能源政策以及新能源接入的不确定性几个方面，输电网与电源协调影响因素如图 4.1 所示。因此，本节主要从以上几个方面来分析输电网与电源的协调性影响因素。

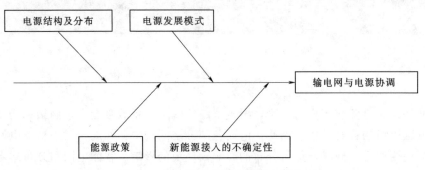

图 4.1　输电网与电源协调影响因素

4.1.1　电源发展模式

我国电力市场发展经历了垄断模式、发电竞争模式和市场竞争模式 3 种模式，如图 4.2 所示。电力市场发展模式也决定了电源发展模式。

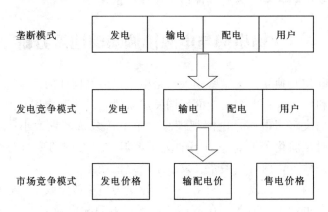

图 4.2　我国电力市场发展模式

（1）垄断模式。在传统的垂直一体化电力系统中，以电源建设为核心，电网建设一般在发电规划的基础上进行，在当时的电力管理体制下，电力经营模式基本为垄断模式。传统的电网规划是在国家计划经济的指导下，以配合电源规划为主要任务，以合理充分利用资源，合理布局电源和网络，使发电、输电、变电及无功建设配套协调，满足全社会电力需求、发展为目标，在研究规划期间负荷增长情况及电源规划方案的基础上，确定最佳的电网规划方案。

（2）发电竞争模式。从 2002 年开始，"厂网分开、竞价上网"的实施，将发电企业和电网企业分割成两个相对独立的职能实体。发电和输电的分离使电源与电网建设分别由不同的利益主体负责实施。发电公司在新增电源的位置选择、装机容量确定、建设周期和投运时间等问题上的决策，主要依据供求关系变化、对未来电价和相应监管政策的估计。而电网投资的目的从发电、输电、配电总体利益最大化转变成电网建设和运营利益最大化。"厂网分开"在发电市场上形成了发电企业和电网企业两类市场主体，奠定了多家发电企业之间横向竞争、发电企业与电网企业之间纵向竞争的基本格局。由于相互之间的竞争，这些年我国发电行业的投资规模和装机容量不断扩大，基本解决了制约我国经济增长的电力短缺问题，并在输配一体的情况下保证了电力的安全，上述电力经营模式可总结为发电竞争模式。

（3）市场竞争模式。9号文下发后，我国实现"管住中间、放开两头"的电网经营模式。即新一轮电力体制改革不再以拆分来实现市场化，而是构建有效竞争的市场结构和市场体系，形成主要由市场决定能源价格的机制。在电价方面，改革之后，电价将主要分为发电价格、输配电价、售电价格，其中输配电价由政府核定，分步实现发售电价格由市场形成，居民、农业、重要公用事业和公益性服务等用电继续执行政府定价。新一轮电力体制改革放开了售电侧，居民、农业公用事业和公益性服务等用电继续由政府定价，放开了占到全国用电量约80%的工商业用电交易市场。

9号文的电力体制改革方案整体上是5号文的延续，虽然没有拆分电网，但改变了电网的盈利模式，使电网只能收取政府监管下的过网费。9号文的推出，有助于积极理顺交易机制、推进价格改革、形成竞争性售电市场，是5号文制定的改革方向的深化。

市场竞争模式的经济效率高于垄断模式和发电竞争模式，资源可以得到更为有效的利用。通过市场竞争使电价降低，广大电能消费者直接受益，这是未来我国电力工业体的改革方向。在这种方式下，市场机制得到充分的发挥，市场主体可以根据市场给出的信号自主决策。因此，在这种模式下，电源与输配电网的协调主要依靠市场机制实现，即价格机制、供求机制和竞争机制。

综上，电源和电网各自最终目的的不同，给电网协调运行、可持续发展带来了更多的不确定因素。在电力市场环境下，为保证电力市场的公平、公正、公开及安全有序地运行，就需要在市场调节的基础上，辅以一定的政策监管，宏观上把握和协调电源规划和电网规划，确保电源建设和电网建设的规模、速度相匹配，进而促进二者的协调同步发展。

4.1.2 电源结构及分布

长期以来，我国形成了以火力发电（主要是煤电）为主，水电、风电、太阳能发电等其他新能源为补充的电源结构，这种格局的形成主要是由我国的一次能源结构决定的。随着国家对清洁能源的大力发展以及对节能减排要求的日益提高，清洁能源在能源结构中的占比逐渐增大，原有的供电电源种类及占比也不断变化。这一变化趋势是一把双刃剑。一方面，清洁能源的引入，在减小电网压力、促进节能减排的同时改善了生态环境，有利于社会经济的可持续发展；另一方面，接入清洁能源时电源结构并没有统筹规划，导致多地出现"弃水、弃风和弃光"现象，清洁能源的作用并没有得到很好的利用。在9号文的新一轮电力体制改革方案中，强调要建立分布式电源发展新机制，放开用户侧分布式电源市场，支持用户因地制宜建设太阳能、风能、生物质能及燃气"冷热电"联产等分布式供能模式。同时，9号文的首个配套文件要求地方政府主管部门采取措施，落实可再生能源发电全额保障性收购制度，在保障电网安全稳定的前提下，全额安排可再生能源发电。在该背景下，如何因地制宜地规划好清洁能源接入种类以及接入后的电源结构，对电网协调性有着至关重要的影响。

同时，此次电力体制改革政策对跨区域输电也高度重视，如制定跨区域电价实施方案，完善跨区域配置可再生能源电力的技术支撑体系，以实现送端可再生能源电力生产与受端地区负荷以及通道输电能力的智能化匹配及灵活调配等。因此，如何优化受端电网的电源布局和接入是影响电网协调发展的一个重要因素。以下从本地供电电源结构和受端电网电源结构两个方面来研究电源布局对电网协调性的影响。

1. 本地供电电源结构的影响

本地供电是指本地电源所发电量中，为满足本地负荷而使用的部分。如某省水电资源丰富，所发电量远大于本地负荷需求，一部分用于本地负荷供电，另一部分外送。因此，主要对满足本地供电电源结构的影响进行研究。

我国电网的电源结构一直以水电、火电为主，其中燃煤火电在电网电源结构中占据绝对主导地位，如图 4.3 所示。

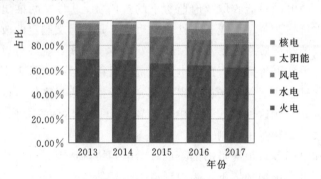

图 4.3　近年我国电网的电源结构

截至 2017 年，我国总发电装机容量约 17.77 亿 kW，其中：火电装机容量为 11.06 亿 kW，占全国发电总装机容量的 62.24%；水电装机容量（包括抽水蓄能）为 3.41 亿 kW，占 19.19%；核电装机容量为 0.36 亿 kW，占 2.03%；风电装机容量为 1.63 亿 kW，占 9.23%；光伏装机容量为 1.3 亿 kW，占 7.32%。

相比之下，美国电网的电源结构则比较均衡，如图 4.4 所示。

由图 4.4 可得，美国电源结构中水、油、气等优质调峰电源占比非常大，约占总装机的一半以上。而我国电源结构仍以煤电为主，优质调峰电源占比较小，仅占总装机的 25.8%，这种灵活性、互补性差的电源结构很难应对复杂多变的负荷需求，特别是高峰电力需求，导致国内普遍面临巨大的调峰压力。

某省风电呈现 1—5 月、11—12 月出力较大，6—10 月出力较小的特点，与水电出力特性天然互补，如能做到水电、风电以及火电之间的协调配合，即在丰期优先保证水电消纳，在枯期优先保证风电消纳，同时以火电进行调节，则可以充分利用水电、风电的出力特性，提高电网设备利用率，提高能源综合利用率。同时，该省本地丰期重载设备主要分布在西部、东北部水电集中的送出断面；而枯期重载设备则集中在中部、南部和东部负荷较重地区以及火电集中的送出断面。由上述可知，不可避免地出现输变电设

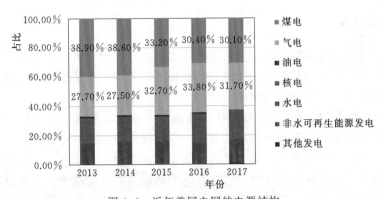

图 4.4　近年美国电网的电源结构

注：非水可再生能源发电是指风能、太阳能、生物质能、地热能、海洋能等非化石

　　能源发电。

备季节性冗余，主要是该省具有调峰能力的水电占比较低，导致电网整体利用率难以提高。

因此，在大力发展清洁能源的同时，应注重清洁能源之间、清洁能源与火电之间的统筹发展，以增强电网与电源的整体协调性。

2. 受端电网电源结构的影响

在我国经济发达、负荷大的地区，一次能源往往比较紧缺；一次能源丰富的地区，多数为经济欠发达地区，负荷比较小。因此，国内大容量、远距离输电应运而生，部分城市电网发展成为巨型受端电网。

某省水电丰富，是我国跨区域输电——"西电东送"中线和南线通道的主要送端电网之一。然而现行的水电跨省跨区输送方式大多按照电站自身的运行要求或者送端电网的电力盈余情况安排输送计划，很少顾及受端电网的用电需求，经常会出现"直线"或者"反调峰"水电输送计划。如华东电网和南方电网作为"西电东送"主要受端电网，其辖区内包括多个省级电网，这些省级电网往往在负荷需求总量、峰谷个数、峰谷差出现时间以及受电量比重等方面差异非常大。而目前区外水电计划在受端地区多个省级电网分配往往采用协议框架规定的各时段按电量比例等比分配，这种分配方式不仅没有充分发挥电网间的负荷互补特性，反而在很多情况下导致部分电网不得不被动消纳大量的低谷电力，进一步加剧了负荷调节的压力。即外送的水电不仅没有为受端电网减缓调峰压力，反而导致受端电网不得不被动消纳大量低谷电力，加剧了受端电网的低谷调峰矛盾，没有充分发挥优质水电的调峰作用，不利于受端电网安全、经济、高效运行，严重制约我国西南优质水电的大范围优化配置。

另外，电源的大容量、远距离送电，使得电源远离负荷中心，电力供应可靠性相对降低，一旦远距离输电受阻，就可能造成受端电网的大面积停电事故，威胁到电网的安全稳定运行，影响电网的协调发展，进而影响电网企业以及用户的利益。所以，大型受端电网一方面需要根据本地负荷特性来协调好外送电与本地电源发电的关系；另一方面要规划好与外送电相适应的备用容量电源，并适当建设响应速度快的电源，以做到外送电、本地供电、备用电之间的协调匹配，从而做到与电源与电网间的协调发展。

4.1.3 能源政策

我国能源战略的基本内容是：坚持节约优先、立足国内、多元发展、依靠科技、保护环境、加强国际互利合作，努力构筑稳定、经济、清洁、安全的能源供应体系，以能源的可持续发展支持经济社会的可持续发展。

"十三五"期间，国家把发展清洁低碳能源作为调整能源结构的主攻方向，坚持发展非化石能源与清洁高效利用化石能源并举。逐步降低煤炭消费比例，提高天然气和非化石能源消费比例，大幅降低二氧化碳排放强度和污染物排放水平，优化能源生产布局和结构，促进生态文明建设。同时，新一轮电力体制改革政策指出：全面放开用户侧分布式电源市场；积极开展分布式电源项目的各类试点和示范；放开用户侧分布式电源建设，支持企业、机构、社区和家庭根据各自条件，因地制宜投资建设太阳能、风能、生物质能发电以及燃气"冷热电"联产等各类分布式电源，准许接入各电压等级的配电网络和终端用电系统；鼓励专业化能源服务公司与用户合作或以"合同能源管理"模式建设分布式电源。

由以上分析可见，不同时期的国家能源政策有较为明显的差别，国家能源政策引导能源结构的改变，也使不同类型的电厂的比例发生变化，从总体趋势上看，在一些优惠政策的引导下，我国新能源发电行业迎来快速发展的新时期，新能源发电的比例将不断提高。因此，优化发电结构，大力发展新能源发电将成为我国未来电力发展的主要方向，而电源的中新能源的种类及结构占比，也是电源健康发展的重要因素，与电网的适应能力及协调性有着密切的联系。

4.1.4 新能源接入的不确定性

电网中的新能源发电是一种建在用户端的能源供应方式，可独立运行，也可并网运行。新能源发电按其电源的出力特性是否稳定，可分为连续性发电和间歇性发电；按接入方式，可以分为集中式接入和分散式（或分布式）接入。下面根据不同分类具体分析其与电网协调性间的关系。

1. 新能源的不同出力特性

（1）连续性发电能源。连续性发电能源中的典型能源系统是燃机发电系统，利用能源为天然气或沼气等。为了更好地利用燃机发电过程中所产生的余热，常组成热电联产（CHP）或冷热电三联供（CCHP）的综合能源利用系统。

该类能源发电功率可控，能以较友好的方式接入电网，对电网没有冲击作用，且能接受电网调度，借助峰谷电价等激励措施缓解电网压力。

（2）间歇性发电能源。间歇性发电能源一般指风力发电、太阳能发电等受自然条件的约束，出力随时间变化具有很大的随机性、波动性的发电系统。间歇性能源的引入，对系统电压、负荷功率分配的影响具有不确定性。

电力系统中引入储能设备后，可以有效地实现需求侧管理，减小负荷峰谷差，不仅可以更有效地利用电力设备，降低供电成本，还可以促进风机、光伏等间歇性分布式能源的应用。因此，储能也可作为提高系统运行稳定性、调整频率、补偿负荷波动的一种手段。

2. 新能源的不同接入方式

（1）集中式电站接入。对于光伏发电项目，首先应考虑土地条件的因素，对于没有专门电站用地的、容量较小的光伏发电项目，太阳能电池板可装置于楼宇屋顶，分散接入到低压配电网；对于有专用电站用地的容量较大的光伏发电项目，可采用集中接入的方式。其次要考虑不同资产所有者之间的管理协调问题。最后还要考虑不同接入方式对调度、运行维护、电能质量等的影响。本节主要考虑集中接入方式的新能源电源。

（2）分散式接入。分散式接入的新能源电源，是指小规模、小容量、模块化、分散式的方式直接安装在用户端的能源，包括太阳能、风能、燃料电池和燃气"冷热电"三联供等多种形式，主要接入配电网低压侧，按照"自发自用、余量上网、电网调节"的原则进行并网，这在一定程度上降低了负荷值，因此其又具有"反负荷"特性，即将其视为一种负值负荷。在输电网与负荷协调分析中，重点针对的是分散式接入的新能源。

3. 间歇性新能源电站对输电网发展协调性的影响

分散式接入的新能源主要是以"反负荷"特性的形式影响配电网，对输电网发展协调性影响较大的主要是高电压等级接入的间歇性新能源电站，由于其发电的间歇性和波动性，将对输电网的安全稳定和可靠性均产生一定影响。

（1）风电场接入对电网的影响。由相关风电场运行报告可知，大规模风电场接入地区电网将改变地区电网的潮流，这种影响与风电场的接入位置以及所使用风电机组的运行特性有关。当电网结构发生改变时，应对风电场的无功补偿方案进行适时调整，以满足风电场运行和系统的电压要求。同时，在进行风电场接入计算时，不应忽略风机到升压变压器的集电线路；在风电场的实际接线中，应考虑将升压站的站址尽可能接近风机，以缩短集电线路，这样有利于风电场并网运行的无功补偿。

为风电场接入而建设的长距离输电线路将增大系统的无功容量，在一定程度上使系统电压升高。考虑风电场的无功补偿方案时，应综合考虑输电线路对系统无功的影响，使风电场在不同出力状态下均能满足电压要求。

还应考虑接入同一地区电网的风电场将会相互影响，设计整个系统的无功补偿方案时要考虑各个风电场的不同出力方式，使所选择的无功补偿方案可以满足风电场不同出力组合时的运行要求。如果实现风电场与电力调度部门的通信联系和统一调度，则风电场接入后的无功补偿和电压调节将会更加灵活，有利于风电场和地区电网的稳定运行。

（2）光伏电站接入对电网电压的影响。光伏电站在以 220kV 或 110kV 电压等级接入电网前后，电网接入点的节点电压略微不同，接入光伏电站对局部电压有调节作用，光伏电站对附近电网起一定支撑作用。同时光伏电站的接入使得节点电压升高，可能导致部分节点电压超越上限，通过无功补偿可使其恢复到正常的电压水平。

光伏电站并入电网，当光伏电站采用最大功率跟踪的 PQ（恒功率）控制时，经处理，把电站作为 PQ 节点的电源，即 PQ 节点的负的负荷接入节点，电站并不消耗有功功率，而是发出有功功率（消耗功率为负值）。因此，光伏电站的接入对原有电网潮流分布的有功功率和无功功率有一定影响，不同线路的有功功率和无功功率增减不一，增幅不一，但各节点均满足电压偏移范围为额定电压±5%的要求。因此，光伏电站在220kV接入或110kV接入时，对接入节点以及上一级电网的影响均在要求范围内。

4.2 输电网与负荷协调影响因素分析

输电网与负荷协调影响因素，主要从分布式电源的"反负荷"特性、负荷特性、负荷空间分布不确定性和负荷增长不确定性等方面来分析，输电网与负荷协调影响因素如图4.5所示。

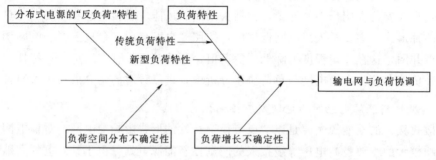

图4.5 输电网与负荷协调影响因素

4.2.1 负荷特性

1. 传统负荷特性

（1）负荷构成。不同的负荷具有不同的用电特性，负荷的构成对地区的负荷特性有着重要的影响，负荷特性直接影响城市电网的建设和发展，是影响电网协调发展的重要因素。负荷构成主要受电力消费结构、用户用电需求特性、行业用电特性等因素的影响。

1）电力消费结构。电力消费结构是指各产业用电占电力总消费量的比例，电力消费结构是反映负荷特性的重要因素。各行业用户中，第二产业中的工业用户负荷率水平最高，第一、三产业和居民生活用电负荷率水平较低。电力消费结构受经济结构、经济水平、政策因素、人民生活水平、地理环境等因素的影响。

2）用户用电需求特性。用户需求包括用户负荷用电的重要程度、用户对电能质量的要求和用户的特殊需求等。随着城市化程度提高，人民生活水平不断提高，人们对电力供应的依赖性越来越强，出现了大量的特级、一级负荷，如医院、钢铁企业、特定的化工企业等。某些电力用户停电，将带来严重的人员伤亡或设备毁损事故，可能导致爆炸、剧毒物质散发，严重威胁社会安全。

因此，电网规划和建设过程中还需要从满足用户特有需求的角度考虑对电网的要求，根据负荷用电重要程度来相应地提高电网建设标准，使电网发展能适应不同类型负荷供电可靠性的要求，使电网内部结构更加协调。

3）行业用电特性。不同的行业由于其对负荷的需求不相同，所要求的电网结构也各有差别。行业用电特性主要受政策因素和经济水平与经济结构等因素的影响。所以电网规划和建设过程中应根据各行业的用电量比例，来确定电网的建设进度和规模，确保电网的合理有序发展。

（2）峰谷差。峰谷差是指电网最高负荷（高峰）与最低负荷（低谷）之差，峰谷差的大小直接反映了电网所需要的调峰能力。通过计算峰谷差的大小可以安排调峰措施、调整负荷大小及合理安排电源规划。随着人们生活水平的提高，特别是近年来空调等负荷的急剧增加，电网的年最大负荷大幅度上升，在年负荷曲线中形成了尖峰负荷，峰谷差进一步加大，年度负荷的波动性进一步加大。电网要适应负荷在不同时段的波动，能承受不同条件下的峰谷差。

高峰期，如果电网输送能力有限，就会出现电力短缺、电力供不应求，可能引发一些电力故障，降低供电质量，严重时为保证电网安全运行，就需要拉闸限电，造成一些不必要的损失，给生产、生活带来诸多不便。低谷期，电网负荷急剧减少，电力使用量过少，又造成大量的资源浪费。因此，供电峰谷差的存在要求电网的供电能力必须能满足负荷波动的需求。

一般来说，负荷波动较大的电网，其负荷率不高，造成电网的利用效率低下，但是在峰荷期间电网又会出现短时间的供电能力不足，电网被迫限电。这给电网企业的安全经济调度提出了更高要求。

在工业负荷占很大比例的重负荷、大功率输电电网中，寻求合适指标评估系统承受负荷变化的能力，一直是电网运行调度人员十分关注的问题。若能通过对整体和局部的电网进行负荷裕度分析，同时结合负荷特性研究变化趋势，评估电网对负荷增长的适应性，则可根据这一评估结果建立应急预案，促进优化用电结构，增强电网抗御大风险的能力，避免出现电力供应危机和大面积的停电事故；同时可推动资源的优化配置，缓解缺电压力，提高用电效率。电网要适应负荷的快速增长，满足电量需求，并通过合理的调峰，达到综合经济性，需要通过理论计算，对电网的所能承受的最大峰谷差进行分析，并以此指导电网调度，合理设计调峰和安排电网运行方式。

（3）负荷率。负荷率是指在规定时间（日、月、年）内的平均负荷与最大负荷之比的百分数。负荷率可以衡量规定时间内负荷变动情况，反映电气设备的利用率。负荷率数值越大，表明生产越均衡，设备利用率越高。

对于负荷率较低的地区，平均负荷较低或者尖峰负荷过高，可能造成电网在峰荷时段不能够满足用电的需求，被迫拉闸限电，在低谷时段电力又得不到充分的运用。提高负荷率不仅可以提高电网设备的利用效率，而且还能够降低网损，提高整体的售电量，提高电网投资的效益，从而提高发电企业和供电公司的综合效益。提高负荷率的方法，主要是压低高峰负荷和提高平均负荷，使两者之间的差别尽量减小。提高负荷率可以为整个电网的安全经济运行创造有利的条件。

2. 电力市场环境下新型负荷特性

新一轮电力体制改革模式下，可控、可调的新型负荷将得到进一步发展，这对电网与负荷的协调发展提出了更多的要求。相较于传统负荷，电力市场环境下增加的可调、可控类型负荷，加强了用户需求侧与电网的互动，在一定程度上能够有效解决电网高峰期的尖峰负荷问题。但同时，随着负荷类型的增加，负荷预测工作也更加复杂。因此，定义了表征友好负荷的占比 λ。为了更好地说明其定义，将电力市场环境下的整体负荷分为 3 部分，并说明如下：

（1）整体负荷。电力市场环境下配电网的整体负荷，包含不可控负荷、可调负荷及可控负荷，其负荷量定义为 L。

1）不可控负荷。不可控负荷即传统负荷，其负荷量定义为 L_1，其数值可以通过对规划区的传统负荷进行调研统计得到。

2）可调负荷。可调负荷是不可控负荷与可控负荷之间的过渡阶段，该类负荷响应电网引导程度具有一定概率性，其负荷量定义为 L_2。

3）可控负荷。可控负荷主要考虑可中断负荷，其负荷量定义为 L_3，其数值可以从规划区签订的可中断负荷协议信息中获取。

上述几类负荷的关系为

$$L = L_1 + L_2 + L_3 \tag{4.1}$$

由于可调负荷不能完全响应电网调度，为了便于后续计算，将其分成两部分讨论：一部分为能够跟随电网机制引导，可用于电网系统调峰的可控负荷，其负荷量定义为 L_{2A}；另一部分为不能跟随电网机制引导，即接近于不可控的负荷，其负荷量定义为 L_{2B}。可调负荷中的可控部分受负荷所处社会经济的发展、电价引导政策以及用户与电网侧通信等多方面的影响，如社会发展程度高，电网与用户间的通信设备完善，互动机制健全，政策引导力度大，则可调负荷中的可控部分 L_{2A} 取值就会相应增加，L_{2B} 取值就会相应下降。同时定义可调负荷中可控部部的占比为 μ，则具体两部分负荷间的关系为

$$L_2 = L_{2A} + L_{2B}$$
$$L_{2A} = \mu L_2, \quad L_{2B} = (1 - \mu)L_2 \tag{4.2}$$

（2）友好负荷占比。友好负荷占比为电网中整体负荷中的友好负荷部分（包括可控负荷以及可调负荷中的可控部分）与整体负荷的占比，它的大小反映了能跟随电价机制引导，可发挥移峰填谷作用的友好负荷占比情况，也表明了电力市场环境下电网用户侧负荷参与电网调度的主动程度，定义为

$$\lambda = \frac{可控负荷}{整体负荷} = \frac{L_3 + L_{2A}}{L} \times 100\% \tag{4.3}$$

由上述公式可知，λ 的值越大，友好负荷越大，即通过有效调度手段能够使得电网的尖峰负荷越小，此时电网的最大负荷为 $L(1-\lambda)$（此处默认友好负荷进行了时段上的平移，且在其他时段叠加时不会产生另一个尖峰）。

综上所述，电力市场环境下电网的负荷分类如图 4.6 所示。

新型负荷的出现，直接降低了负荷预测中总体负荷的基数，因此在电力市场环境下进行负荷预测，应以考虑了可控可调负荷之

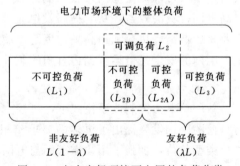

图 4.6　电力市场环境下电网的负荷分类

后的净负荷来进行计算，即在考虑电网建设与负荷的协调性中，以净负荷来考虑电网电源净负荷之间新的平衡，从而更加准确地进行电网规划建设。

4.2.2　分布式电源的"反负荷"特性

随着分布式电源接入的放开，原有配电网的"电网-负荷"平衡，变成了"电网-新型负荷-分布式电源"的新型有源网络下的平衡，间歇性分布式发电的大规模接入和储能装置、可控负荷的发展对配电网规划均产生了显著影响。

在电网规划建设中，首要考虑因素即为规划区域规划目标年的负荷峰值，该峰值决定了配电网设备的规划容量，从而影响到变电站选址、电网设备选型、目标网架构建等方面；同时，分布式单元对配电网的最大影响也集中在对负荷峰值的影响上。在传统配电网中，配电网只是电能传输通道，上级电源被动适应负荷需求，因此配电容量的确定仅需简单的电力平衡即可；在电力市场环境下的配电网中，可控负荷与分布式单元可以主动参与电网峰值负荷调节，通过储能充放电和可控负荷的参与，可有效削减上级电源所需供给的峰值负荷，从而降低配电容量。因此，考虑新型负荷和分布式电源的"反负荷"特性后，电力市场环境下的电网规划中直供净负荷峰值，应去除可控、可调负荷和由分布式发电抵消的负荷。

4.2.3　负荷增长的不确定性

电力系统的负荷会随着经济社会的发展而不断增长，电网供电能力的增长应该与负荷增长情况相匹配，以满足负荷增长的需求。电网供电能力应适度超前于负荷增长，否则就会造成电网供电能力不足，形成电网发展的瓶颈，影响电网的协调发展。由此可见，负荷增长的不确定性是影响电网协调发展的一个重要因素。

负荷增长的一般规律呈现为S形曲线（也称为"生长曲线"），如图4.7所示。图4.7（a）所示的曲线表征了负荷发展的一般规律，从S形曲线可得，负荷发展分为以下3个阶段：

（1）发展初期：负荷增长率不高，此时电网的网架结构一般也比较脆弱，用户对供电可靠性和电能质量的要求也比较低，电网的协调性要求也不高。

（2）高速发展期：经济快速增长，居民用电快速增长，各产业的用电量飞速增长，负荷增长率较高，如图4.7（b）所示，需要留有较大的系统裕度以满足负荷的高速增长需求。

（3）发展饱和期：负荷基本达到饱和，负荷增长缓慢，网架结构强，只需要留有较小的裕度，系统的最大供电能力利用率可以达到较高水平。此时的电网更加关注的是电网的协调性，即负荷的转移能力和负荷的均衡发展，协调性各项指标的权重应该增大，且各个指标的水平均应很高。

负荷增长特性主要表征负荷发展所处的阶段，可以通过负荷大小、负荷年增长率、负荷发展饱和值得到当前负荷水平处于负荷发展的具体阶段，即图4.7（a）中S形曲线上的位置；图4.7（b）则反映了不同阶段负荷年增长率的情况，负荷发展初期及饱和期负荷年增长率较小，负荷高速发展期负荷年增长率相对较大。在进行电网现状评估

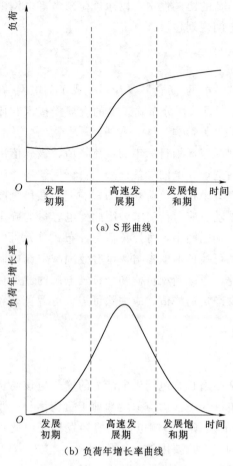

（a）S 形曲线

（b）负荷年增长率曲线

图 4.7 负荷增长的一般规律

或者电网规划时，应该充分考虑负荷增长特性，摸清当前负荷水平处于负荷发展的具体阶段，从而对系统供电能力裕度的大小评估进行指导，留出适当的裕度以满足负荷的发展需求，保证电网协调、可持续发展，提高电网企业的经济效益和社会效益。

4.2.4 负荷空间分布的不确定性

负荷长期预测数据是制定电网规划方案的重要依据，然而预测数据的准确性受众多不确定性因素影响，包括规划周期内的环境与气候变化、用户用电习惯变化、预测技术发展等方面。如今受温室效应、寒潮等不正常气候条件的影响，更是加大了长期负荷预测技术的难度。

负荷的空间分布与产业结构、行业特性、地理环境等因素有关。经济越发达地区的负荷分布越集中，负荷密度越大，设备的负载率偏高，寿命缩短；负荷较小地区的设备利用率偏低，会造成资源闲置，影响电网投资的经济性。

负荷比重大的区域对电网结构的要求很高，该区域的严重事故可能造成整个电网崩溃。若负荷空间分布发生变化，就要求电网的运行方式具有较强的适应性，需要电网具有较强的适应能力。

随着电力体制改革的推进，市场环境下面对众多的发电商和频繁波动的电价，需求侧管理技术和相关政策措施相继推进，用户有更多的选择，大用户可能会跨区域选择供电商，导致转运功率的出现，这些因素增加了负荷预测的难度和变数。

而大用户采用高电压等级接入电网，即大用户直供，一方面可以降低负荷分布的不确定性，另一方面也可提高资源利用率。大用户直供的方式有多种，可以由电网企业供电，也可以由供电方与大用户原来已建有的直供线路供电。若供电方与大用户直线距离很近，可由发电企业新建或改建输电线路直接向大用户供电，即经过电网转供的直供电运营模式和不经过电网转供的架专线直供模式。专线直供模式指大用户和发电企业直接签订供电合同，自建专用的、较高电压等级的输电线路，发电企业通过专用输电线路向大用户输送双方签订的合同电力，而不再通过电网转供。

过网直供模式下，用户与发电企业签订直供电合同，直供电力通过电网企业的输电网络送到大用户，电网企业提供了输电服务，要向发电企业或大用户收取过网服务费。新建、扩建或改建线路应符合电网发展规划，由电网企业报批、建设和运营。电网在为发电企业和大用户之间的直供合同提供输电服务时，充分地发挥电网的规模效益和联网效益，确保电能质量和电能输送安全。这种规模效应使得输电方不宜引入竞争，由电网企业建造、运营、维护输电网，发电企业和大用户通过支付完成交易所需输电成本的形式来使用电网，电网企业通过收取输电费用来回收输电网成本。

随着电力工业市场化程度的提高，大用户的门槛也在逐渐降低。当电力市场进入零售竞争运营模式后，所有的用户都有资格参与直供。因此，输电网建设规划时应考虑可能的大用户直供情况，从而以较短的线路、较高的效率提高输电网经济性和高效性，从而保障输电网与负荷协调。

4.3　输电网与经营环境协调影响因素分析

城市规划是根据国家的城市发展和建设方针、经济技术政策、社会和经济发展的规律，研究规划城市所在地区的自然条件、历史沿革、现状特点和建设条件，合理确定城市的性质、规模和布局，统一规划、合理布置开发利用城市的空间资源，综合部署城市经济、文化、公共事业等各项建设，保障城市有秩序地协调发展。而电网规划就是采用科学的方法确定规划区何时何地新建或改造何种电力设施，使得未来的电网能够满足负荷的发展，提供安全可靠的电能。《中华人民共和国电力法》明确规定城市电网建设应当纳入城市建设的总体规划中，城市电网规划是城市规划的重要组成部分，应与城市各项发展规划相互配合，同步实施。

城市规划和城市电网规划都以城市社会经济发展和人民群众生活服务为目标，两者既紧密联系又相互牵制。所以城市规划必须要和电网规划相互配合，协调发展。这就需要城市规划设计部门和城市电网规划设计部门共同合作，制定整体协调、技术先进、结构合理的城市建设和城市电网发展的战略蓝图、以推动现代化城市建设的进程。

输电网与经营环境协调影响因素，主要从电网建设用地、城市规划调整、外部环境影响和智慧城市建设要求几个方面来分析（图 4.8）。

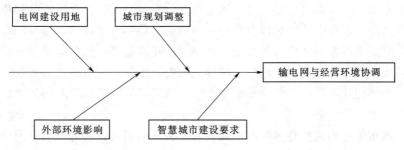

图 4.8　输电网与经营环境协调影响因素

4.3.1　电网建设用地

随着近年来城市建设速度的加快以及经济的迅猛发展，我国电力负荷也快速攀升。我国在未来 10～20 年内，电力需求仍然会保持较高增长率。

由于城市快速发展，土地的开发利用率越来越高，土地的价值不断增长。而且，由于经济发展，土地成本急剧上升。由于建设用地日益稀缺，征地拆迁逐渐成为影响建设工程造价和周期的一个重要因素。城市土地利用率高，用地矛盾突出，很难找到合适的变电站站址和线路走廊，导致新建或扩建变电站、线路的难度日益加大。这是影响电网建设和城市规划建设协调发展的一个重要因素。

电网规划暂时能满足城市规划对负荷的需要，但是变电站布点和线路走廊却不一定能适应城市用地规划协调发展的需求，甚至可能还存在比较大的冲突。例如，原来在电网规划中提出的高压线路走廊宽度由于技术原因而占用较大的地块，部分走廊对用地的切割形成了零星用地，造成城市土地利用不经济，易造成站址走廊落实困难。一些行政区域对规划变电站站址、高压走廊的提前控制不力，造成建成区内新增的变电站、高压走廊难以落实等，这些导致电网规划方案的可实施性较差，严重影响了电网的协调发展。

另外，城市电网建设与城市其他基础设施建设之间的矛盾也是困扰城市电网健康协调发展的重要因素。目前，城市电网规划和用地规划是由不同的主管部门独立完成的，两者之间缺乏必要的沟通、配合和协调。为了保证城市电网规划的严肃性和对电网建设的指导作用，非常有必要在审核通过城市建设规划的同时审核通过由电力部门根据城市建设规划设计的城市电网规划，这也是保证建设一个坚强可靠的城市电网的根本途径。

4.3.2　城市规划调整

城市规划会根据城市的发展以及某些不确定因素做出相应的调整，同时需要对电网规划作相应的调整，以满足城市的发展需要。随着城市经济发展，城市规划中对于电网规划建设的要求，也由原有的电力需求保障转变为电网的健康持续发展。因此，电力设施给环境带来的影响，以及电网建设与其他基础设施建设之间的矛盾等已经逐渐成为影响电网健康发展的重要因素。

同时，为保障分布式发电保障政策的有效落地，新一轮电力体制改革政策中明确建立分布式发电市场化交易平台的实施内容，明确交易平台对分布式发电项目的交易电量结算细则，并由电网企业及电力调度机构负责分布式发电项目与电力用户的电力电量平衡和偏差电量调整，确保电力用户可靠用电以及分布式发电项目电量充分利用。这些市场化的变革措施，对负荷的增长以及空间分布的影响将是根本性的，原有的预测方向将不再适用，导致电网规划和投资的失误，如果电网建设超期，而负荷增长较慢，就会导致电力设备大量闲置，造成资源浪费，降低电网投资的经济效益和社会效益；如果负荷增长较快，而电网建设滞后，就会导致电力供应紧张，影响用户和电网公司的利益，也会限制城市的进一步发展。

所以，城市规划的调整是影响电网规划的很重要的因素，它可影响电网的持续、协调发展。

4.3.3　外部环境影响

电网建设正进入高速发展时期，各利益相关方对工程建设的要求越来越高，电网工程建设外部环境问题日趋复杂，已经成为影响电网发展、建设工期及控制造价的关键因素之一。

电网的建设包含电网建设的规划、上级部门的审批、变电站及线路等方面的设计、施工质量以及验收等。而在建设过程中，常常涉及在土地征用方面的审批工作、对环境影响的评估工作、对征用土地带来的损失进行赔偿事宜等，因此电网的建设往往在很大程度上受到外部环境的制约。

电网建设过程中，由于电力的市场与电力的建设之间没有进行良好的协调，可用土地的面积相对减少致使补偿问题出现了困难。主要体现在土地征收时，居民会找出诸如土地增值、电磁干扰等各种理由提高土地征用赔偿的价格，致使土地的赔偿工作不能得到正常的开展，电网建设的速度相对减缓。

在电能的输送过程中，为了减少在线路中电能的损失，电力部门往往采用高压输电或者是超高压输电，这就使得电力线路所经过的地区居民使用电能不方便，在一定程度上引起当地人们的不满，对配合电网建设的工作积极性相对较低。

总之，电网建设点多、线长、面广，同时电网建设面临的政治、经济、社会、法律等外部环境不断变化，使电网建设受到了较大影响。同时，电网建设涉及规划、城建、国土、交通、铁路、航道、林业、农业等相关部门及地方政府的经济利益，在电网建设中存在着不同程度的受阻现象，而且这种现象越来越严重，受阻的区域越来越大。

4.3.4 智慧城市建设要求

智慧城市是运用信息和通信技术手段感测、分析、整合城市运行核心系统的各项关键信息，从而对包括民生、环保、公共安全、城市服务、工商业活动在内的各种需求作出智能响应。智慧城市是城市化和信息化发展到一定阶段的必然产物，是当代城市发展的主要趋势。近年来，智慧城市的理念广受关注，在《国家新型城镇化规划（2014—2020年）》中，我国也提出了"推进智慧城市建设"这一目标。近年来，我国智慧城市建设数量逐渐增多，智慧城市由概念探索逐渐步入实质性的建设阶段。

新一轮电力体制改革顺应电力市场化的潮流，同时利用智慧城市发展所带来的信息化便利，建立充分的电力市场竞争体系。新一轮电力体制改革将电价主要分为发电价格、输配电价和售电价格。其中输配电价由政府核定，分步实现发售电价格由市场形成，居民、农业、重要公用事业和公益性服务等用电继续执行政府定价。因此，新一轮电力体制改革的变量主要是竞争性环节的发售电价格，即为电力商品的买卖双方打通了"见面"通道——发电行业历来和用户是隔绝的，而发电侧和售电侧电价和准入的放开，将催生一个生产者和用户能够直接"见面"的、长期潜在交易金额超过万亿元的巨大"新兴"市场。

对民用电力客户、工商用户而言，电力与互联网的结合，可以帮助他们随时了解电力供求信息，更精准有效地使用廉价能源。电力互联网能够帮助企业主清晰了解能源即时价格的变动，对于电力质量有着特殊要求的电力用户，能用互联网手机在线查电费、电价信息双向交互等。随着智慧城市建设的深入推进，市民在日常生活中，越来越感受到智慧电力给生活带来的种种便利。建设与智慧城市匹配的智能电网，首先要调整和优化整个电网规划体系，并与城市政府相关部门沟通，形成面向电力系统、面向电力用户和面向社会的智能电网规划体系。

在上述体系框架下，电网建设首先应调整和实施电网总体规划和各专项规划，为建设坚强智能电网提供前瞻性的规划引领，以适应电网发展方式的转变，适应智能电网驱动智慧城市建设的需要。其次，确定坚强智能输变电网络、坚强智能配用电网络、可靠通信信息网络和自动化等规划作为整个规划体系中的重点规划，为智能电网的发展插上信息化、自动化和互动化的"翅膀"，提升智能电网服务经济发展、服务节能减排、服务民生建设的能力。最后，城市电网发展还需依托科研单位的力量，规划构建城市能效管理平台、信息一体化平台，促进城市能效管理和节能减排，并以先进的数据库、计算机网络、人工智能技术为基础，充分利用数据资源，加强电力市场和客户的科学分析及决策，以提高电力企业的市场经营和管理水平。

4.4　输电网内部协调影响因素分析

输电网内部协调影响因素主要从不同电压等级、不同区域电网、电网供电能力和网架结构几个方面来分析（图 4.9）。

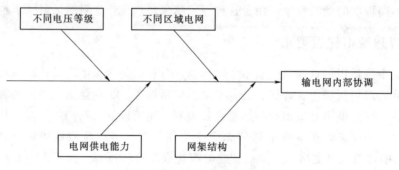

图 4.9　输电网内部协调影响因素

4.4.1　不同电压等级

不同电压等级电网之间的匹配是电网协调发展的一个重要方面。各电压等级变电能力相互匹配，可在一定程度上解决电网的供电"卡脖子"现象，避免电网的变电能力不匹配，有利于电网的可持续发展，使供电公司的效益最大化。

在我国，不同电压等级的电网，往往由不同层级的电网企业或供电企业规划，由不同部门管理，如：220kV 及以上网络一般由大区或省公司统一规划；地市供电局对220kV 变电站规划提供建议，并负责规划 110kV 网络；区县供电分公司负责规划中低压配网，包括 35kV、10kV 和 0.4kV，并对 220kV、110kV 规划提供建议。各级电网应相互支援，协调优化规划，确保电网的可靠性和经济性。不同的规划部门如果不能很好地沟通协调，就可能会造成不同电压等级电网之间容量不匹配、供电能力不协调，降低电网建设的综合效益，影响电网企业的经济利益。所以，不同电压等级电网的协调是影响电网整体协调性的一个重要因素。

为了保证电网输、配电各个部分不出现瓶颈，各电压等级的供电能保持合理的配比，一个电压等级供电能力过高，则该电压等级的供电能力不能被充分利用；一个电压等级供电能力过低，则成为整个电网的瓶颈，也不能实现电压等级协调发展。

电压等级间的配合协调，能合理、充分地发挥各电压等级的传输效益。各电压等级供电容量的配比，以电网规划相关导则与地区容载比推荐作为各电压等级供电能力配比的标准。

通过不同电压等级的相互协调，可以取得以下方面的优化效益：

（1）下级电网之间互联，减少对上级电网可靠性的依赖程度。例如，110kV 变电站进线分别引自不同的 220kV 变电站或 110kV 变电站的 110kV 母线，保证即使 220kV 变电站发生故障，也会使停电范围很小，或者不停电。多级电网协调优化，可实现较高可靠性下的成本最低。

（2）上一级电网规划时，充分考虑下一级电网的需要，避免下级电网出线难度过大、出线长度过长等现象。实现上下级电网的统一优化，实现各电压等级的统一协调优化，同时对下一阶段的电网规划具有十分重要的指导意义。

4.4.2 不同区域电网

电网盈利模式的转变将带来更多的投资机会，将会大大加快国家电网建设跨区输送通道的步伐，也必将对不同区域电网的协调起到直接的影响。

我国电网发展已进入跨大区电网互联、推进电力资源在更大范围内优化配置的新阶段。大系统互联可节省投资与运行费用，增加系统备用容量，在一定程度上提高了供电可靠性，但是会增加系统短路容量，而且电网的局部故障容易波及至其他地区，甚至可能引起大范围停电事故等。为解决这些问题，电网通常在高一级电网发展到一定规模时将低一级电网分区域解开，即电网的分层分区运行。

《电力系统安全稳定导则》（以下简称《导则》）中明确规定：合理的电网结构必须满足分层和分区的原则，电网的分层分区应按照电网电压等级和供电区域合理进行。合理分层，是将不同规模的发电厂和负荷接到相适应的电压网络上；合理分区，是以受端系统为核心，将外部电源连接到受端系统，形成一个供需基本平衡的区域，并经联络线与相邻区域相连。

《导则》中也明确规定：随着高一级电压电网的建设，下级电压电网应逐步实现分区运行，相邻分区之间互为备用，以避免和消除严重影响电网安全稳定运行的不同电压等级的电磁环网，并有效限制短路电流和简化继电保护配置。

由此可见，电网分层分区运行是电网发展的必然趋势。电网分层分区平衡与统一调度，是我国电力系统安全运行的一个重要经验。依据该经验，我国电网保持了较高的经济运行水平，并成功抵御了大量的运行风险。

随着我国经济、社会的发展，大部分地区负荷快速增长，负荷密度迅速提升。各个地区电网对周边地区电网的影响、相互依赖程度提高，实现不同区域之间的电网协调建设有利于整体电网的协调发展。

4.4.3 电网供电能力

根据《导则》，电力系统承受大扰动能力的安全稳定标准分为 3 级：第一级标准为保持稳定运行和电网的正常供电；第二级标准为保持稳定运行，但允许损失部分负荷；第三级标准为当系统不能保持稳定运行时，必须防止系统崩溃并尽量减少负荷损失。

电网供电能力评估包括电网网架供电能力评估和电网运行方式安排供电能力评估两个部分。电网网架供电能力是实现对用户供电需求的前提和保证，是电网运行规划部门进行电网规划和改造所考虑的重要因素，只有坚强的电网网架才能满足对用户的可靠供电。因此，坚强的电网网架是电网运行方式安排合理的前提和基础。而电网运行方式供电能力评估是电网调度运行管理人员安排电网运行方式合理与否的"试金石"，合理的电网运行方式安排应能保证对用户的供电、"N－1"元件事故下不出现限电、不损失负荷。

将供电能力的增长与负荷增长情况进行对比，以评估供电能力增长能否满足负荷增长的需求、是否满足适度超前与负荷需求的要求。一般情况下，系统供电能力，应不小于次年电网最大负荷。

4.4.4 网架结构

输电网网架结构是否合理，影响着输电网设备利用率、输电网安全性以及输电网供电可靠性，进而影响输电网的供电能力和输电网的协调性。

网架结构对输电网设备利用率的影响主要表现在，当输电网的网架结构确定之后，其设备的利用率极限值也就得到确定，其电网的供电能力也是一定的。

输电网安全性是指在供电的任意一个时间断面，如出现一组预想故障，输电网能够保持正常供电的能力。在对电网安全性进行评估时，需要考虑电网的两种状态，即当前状态和发生预想故障后的状态。针对这两种状态，可从两方面进行考虑：①部分设备由于故障停运时，电网能否通过开关尽量减少负荷停电；②电网有多大能力避免大面积停电事故。因此，输电网的网架结构是否满足"N－1"检验、"N－2"检验，以及在确定网架下的静态安全性、暂态安全性、短路电流水平等指标，均是影响输电网安全的重要因素。

输电网供电可靠性是指电网在一定时间内能够持续稳定供电的能力。这一概念具有两个含义：①电网能够持续供电；②电能质量达到要求。当输电网网架结构确定后，输电网的供电能力也就随之确定，进而可将输电网网架结构对供电可靠性方面的影响归结为供电连续性、电能质量水平和供电稳定性指标。

4.5 小 结

本章从输电网与电源、输电网与负荷、输电网与经营环境、输电网内部4个方面分析了输电网发展协调性的影响因素，其中：输电网与电源协调影响因素主要包括电力市场环境下的电源发展模式、电源结构、能源政策以及新能源接入的不确定性；输电网与负荷协调影响因素主要包括负荷特性、分布式电源的反负荷特性、负荷增长的不确定性以及负荷空间分布的不确定性；输电网与经营环境协调影响因素主要包括电网建设用地、城市规划调整、外部环境影响以及智慧城市建设要求；输电网内部协调影响因素主要围绕不同电压等级、不同区域电网、电网供电能力以及网架结构来展开。本书后续的输电网发展协调性评估指标体系主要是基于本章的影响因素来确定的，因此，本章是构建输电网发展协调性评估指标体系的重要理论依据。

第5章 输电网发展协调性评估指标研究

5.1 指标体系建立原则

为了保证评估的科学性、合理性，并充分、客观地反映输电网发展实际情况，需建立一套能够综合反映输电网发展协调性的指标体系，指标设置得合理与否直接关系评估结果的准确性。因此，指标体系的建立主要遵循以下原则：

（1）目的性原则。指标体系的设置应以评估目的为导向，指标体系评估的实施目的在于评估现状及规划输电网的运行状况，给出输电网发展协调性现状的最终结论以及输电网规划方案的优劣次序。

（2）完备性原则。指标体系要能全面、合理及客观地反映和度量评估对象的客观属性，不因评估者不同或评估者认识上的局限性而忽视某些重要指标的客观存在及作用。

（3）独立性原则。在满足完备性的基本要求下，尽可能满足各评估指标之间的相对独立性。若指标间信息存在重叠和相关，则评估时会无形中强化该部分信息，导致评估结果出现偏差。

（4）可操作性原则。指标体系中指标及数据的选取，应该能够收集到准确数据或者能够通过相关数据准确计算得出。指标的选取应忽略重要程度很小、数据值不易获取的可操作性差的指标，同时为重要程度高、数据值不易获取的指标寻找替代指标。

（5）定性与定量相结合原则。为克服评估所带来的不确定性和主观盲目性，指标体系的建立及指标选取尽量以定量为主，定性和定量相结合。

5.2 输电网发展协调性评估目标属性分析

根据前述章节的分析，电力改革政策下输电网发展协调性评估体系的建立是一个多目标决策与优化的过程，评估体系的目标是指导输电网协调发展，以达到建设安全、可靠、先进、高效输电网的目的。建设先进的输电网则需要解决以下 3 个问题：

（1）为什么要协调发展输电网。发展输电网就是要不断地满足利益相关者的需求，达到利益的最大化，实现共赢的目标。利益相关者包括电力用户、社会和电力企业，这三者之间的关系以及对于电网需求各不相同，主要体现为：①电力用户需求的是质优价廉的稳定电力供应；②社会所期望的电网需要节能环保；③电力企业的需求是提高自身的效率、提高经营能力。利益相关者的需求各不相同，如何平衡这几者之间的利益将关系到未来输电网能否实现协调发展。

利益相关者对于输电网的需求主要集中在宏观层面，反映的是电网发展的一个结果，能够反映这一类问题的指标可以归结为效果类指标。

（2）建设什么样的协调输电网。这直接决定了输电网建设的效果，也就是说需要解决建设什么样的输电网以保证电网利益相关者的需求得到满足，输电网与电源协调、输电网与负荷协调、输电网与经营环境协调和输电网内部协调能够明确反映出输电网建设的具体内容和特点。

（3）怎样协调发展输电网。输电网的协调发展离不开先进技术的发展与应用，离不开网络拓扑、通信系统、调度技术、电力电子设备以及分布式能源接入等关键技术的突破与创新。这将涉及输电网相关的各个领域，且非常细致繁杂，能够反映这一类的指标可以归结为技术类指标。

综上，技术类指标将影响主要特性指标，而主要特性指标也会影响效果类指标，指标间存在相互耦合，输电网发展协调性评估指标间的关系如图 5.1 所示。

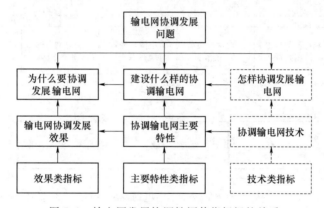

图 5.1　输电网发展协调性评估指标间的关系

本章主要从输电网发展协调性的效果类指标和主要特性类指标入手，构建评估指标体系。

5.3　输电网发展协调性评估指标选取

5.3.1　指标选取依据

效果类指标反映的是电网利益相关者的关注点，新一轮电力体制改革后输电网发展协调性效果类指标选取如图 5.2 所示。

电力用户要求高质量的电力供应，体现在电网供电可靠和安全稳定两方面。社会要求电网节能环保，体现在提高清洁能源接入规模、减少电网损耗以及适应城市发展等方面。而电力企业要求的是效益，保证高质量的电力供应。因此，需要通过

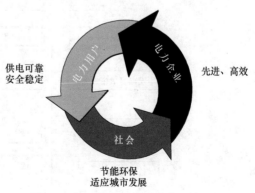

图 5.2　新一轮电力体制改革后输电网
发展协调性效果类指标选取

减少损耗、提高设备的使用效率来提高效益，即体现为先进、高效。综上，新一轮电力体制改革后输电网发展协调性的效果类指标可归纳为：安全、可靠，先进、高效，节能环保、适应性强等方面。

根据前文分析，以效果类指标为要求，以输电网发展协调性为出发点，结合输电网协调发展的影响因素，从输电网与电源、输电网与负荷、输电网与经营环境、输电网内部 4 个方面的协调，提出影响效果类指标的主要特性指标。

新一轮电力体制改革下输电网发展协调性指标选取依据如图 5.3 所示。

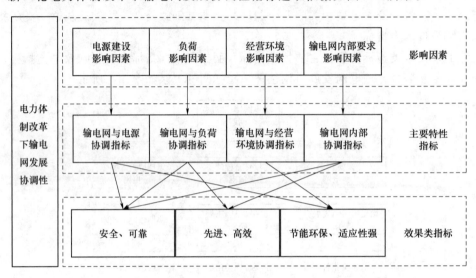

图 5.3　新一轮电力体制改革下输电网发展协调性指标选取依据

5.3.2　输电网与电源协调主要评估指标

以下分别从电源规模、电源结构、电力市场建设几个主要方面提出输电网与电源协调评估指标（图 5.4）。

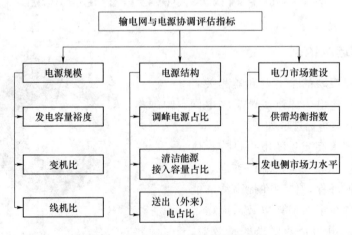

图 5.4　输电网与电源协调评估指标

1. 电源规模协调指标

电源规模协调指标包括电源与电网匹配及电网建设的宏观结构指标，它体现了电网与电源协调关系的整体框架的合理性，能够反映电力系统长期协调性程度。电源规模协调评估指标主要包含发电容量裕度、变机比和线机比 3 个指标（表 5.1）：发电容量裕度指电力系统持续保持向用户提供足够的电量需求的能力，变机比定义为某电压等级变电容量总和与电源装机容量总和之比，线机比定义为输电线路长度与电源装机规模的比值。变机比和线机比反映的均是电源装机规模与电网建设规模的协调性。

表 5.1　　　　　　　　　　电源规模协调主要评估指标

协调指标	主要评估指标	对应效果类指标
电源规模协调	发电容量裕度	安全、可靠
	变机比	
	线机比	

2. 电源结构协调指标

结合 9 号文中"电力体制改革需要提高可再生能源发电和分布式能源系统发电在电力供应中的比例，确保可再生能源发电依照规划保障性收购"的要求，电源结构协调指标主要包含调峰电源占比、清洁能源接入容量占比和送出（外来）电占比 3 个评估指标（表 5.2）：调峰电源占比是评估当地电源的总体调峰能力，清洁能源接入容量占比是评估清洁能源占全网能源的比例，送出（外来）电占比则是评估送出（外来）电与当地电网发展建设的协调程度。

表 5.2　　　　　　　　　　电源结构协调主要评估指标

协调指标	主要评估指标	对应效果类指标
电源结构协调	调峰电源占比	安全、可靠
	清洁能源接入容量占比	节能环保、适应性强
	送出（外来）电占比	先进、高效

3. 电力市场建设协调指标

电力市场的合理建设是保证市场运行的基础，合理的电价结构、电价水平以及完善的市场监管制度是影响输电网与电源协调的关键因素，只有好的市场制度体系才能保证发电市场和输电市场稳定有序的发展。电力市场建设协调评估指标主要包括供需均衡指数和发电侧市场力水平两个指标（表 5.3）：供需均衡指数反映的是电源侧和负荷的供需平衡，当指标等于 1 时，表明电源供应和负荷需求水平一致；发电侧市场力水平用赫芬达尔-赫希曼指数来表征，衡量的是发电产业的集中程度，进而评估潜在的发电侧市场力水平。

4. 输电网与电源协调评估指标汇总

综上，将输电网与电源协调作为评估子目标，将电源规模协调、电源结构协调和电力市场建设协调作为一级指标，将各细分指标作为二级指标汇总（表 5.4）。

表 5.3　　　　　　　　　　电力市场建设主要评估指标

协调指标	主要评估指标	对应效果类指标
电力市场建设协调	供需均衡指数	先进、高效
	发电侧市场力水平	

表 5.4　　　　　　　　　　输电网与电源协调评估指标汇总

评估子目标	主要评估指标		对应效果类指标
	一级指标	二级指标	
输电网与电源协调	电源规模协调	发电容量裕度	安全、可靠
		变机比	
		线机比	
	电源结构协调	调峰电源占比	节能环保、适应性强
		清洁能源接入容量占比	
		送出（外来）电占比	
	电力市场建设协调	供需均衡指数	先进、高效
		发电侧市场力水平	

5.3.3　输电网与负荷协调主要评估指标

以下分别从电力市场环境下负荷构成、负荷发展、负载均衡度和负荷分布几个主要方面提出输电网与负荷协调评估指标（图 5.5）。

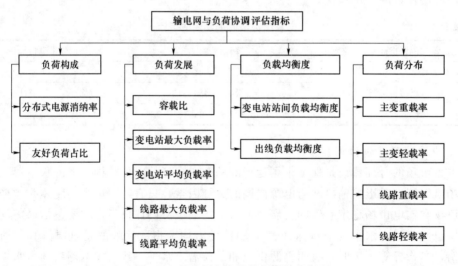

图 5.5　输电网与负荷协调评估指标

1. 负荷构成协调指标

电力市场环境下，常规负荷由原来单一的固定负荷，发展为包含可控、可调、电动汽车、分布式电源等多种类性的新型负荷，直接影响着负荷电网建设中变电站的容量规划。电力市场环境下负荷构成协调评估指标主要包含分布式电源消纳率、友好负荷占比两个评估指标（表5.5）。其中：分布式电源消纳率表征分布式电源在区域全社会用电量中的实际抵消作用，友好负荷占比表征用户参与需求侧响应的程度。

表5.5 负荷构成协调主要评估指标

协调指标	主要评估指标	对应效果类指标
负荷构成协调	分布式电源消纳率	节能环保、适应性强
	友好负荷占比	

2. 负荷发展协调指标

新一轮电力市场环境下的负荷预测以及电网容量规划，需要在区域规划目标年的负荷原有水平上，扣除上级变电站直供以及由下级变电站直供中低压配网或大用户的负荷；再考虑本电压等级下的电源出力（含分布式能源）所供负荷。同时，需考虑分布式电源的就地消纳作用和新型负荷的移峰填谷效应。负荷发展协调评估指标主要包含容载比、变电站最大负载率、变电站平均负载率、线路最大负载率、线路平均负载率5个评估指标（表5.6）。其中：容载比用来表征电网容量与负荷水平的全局性协调关系，其取值大小将直接影响到变电站负荷发展空间；变电站最大负载率、变电站平均负载率反映变电容量的利用率；线路最大负载率、线路平均负载率反映线路的利用率。

表5.6 负荷发展协调主要评估指标

协调指标	主要评估指标	对应效果类指标
负荷发展协调	容载比	先进、高效
	变电站最大负载率	
	变电站平均负载率	
	线路最大负载率	
	线路平均负载率	

3. 负载均衡度协调指标

负载均衡度是电网稳定和经济运行的重要保证，是指整个评估区域最大负荷典型日变电站及线路负载的均衡情况。负载均衡度协调指标主要包含变电站站间负载均衡度、出线负载均衡度两个评估指标（表5.7）。其中：变电站站间负载均衡度衡量的是电网各变电站总负载率的差异程度，出线负载均衡度主要是衡量电网中出线的负载率差异情况。

表5.7 负载均衡度协调主要评估指标

协调指标	主要评估指标	对应效果类指标
负载均衡度协调	变电站站间负载均衡度	先进、高效
	出线负载均衡度	

4. 负荷分布协调指标

负荷分布自身具有一定的不均衡性，要求电网建设力度与负荷分布相匹配，若负荷分布与电网建设力度不一致，必将造成设备重载和轻载的现象。负荷分布协调评估指标主要包含主变重载率、主变轻载率、线路重载率、线路轻载率 4 个指标（表 5.8）。上述指标体现主变及线路的负载情况。

表 5.8   负荷分布协调主要评估指标

协调指标	主要评估指标	对应效果类指标
负荷分布协调	主变重载率	先进、高效
	主变轻载率	
	线路重载率	
	线路轻载率	

5. 输电网与负荷协调评估指标汇总

本节从电网负荷构成、负荷发展、负载均衡度、负荷分布情况说明了输电网与负荷协调关系。指标中地区电网容载比和最大负荷率互成倒数关系，变电站的轻载、重载情况分别对应了变电站负载率的不同区间，即负荷协调性评估指标间存在一定的耦合关系；负荷的形成以及分布式能源的消纳情况，侧重于配电网的协调性评估。因此，需要从输电网与负荷协调方面出发，考虑指标间的耦合特性，对指标进行优化。

综上，将输电网与负荷协调作为评估子目标，选取负荷发展、负载均衡度和负荷分布作为一级指标，将各细分指标作为二级指标汇总（表 5.9）。

表 5.9   输电网与负荷协调评估指标汇总

评估子目标	主要评估指标		对应效果类指标
	一级指标	二级指标	
输电网与负荷协调	负荷发展协调	容载比	先进、高效
	负载均衡度协调	变电站站间负载均衡度	
		出线负载均衡度	
	负荷分布协调	变电站平均利用率	
		线路平均利用率	

表 5.9 中变电站平均利用率和线路平均利用率详见 3.3.1 节，是变电站和线路轻重载分布指标的综合体现。

5.3.4 输电网与经营环境协调主要评估指标

以下从城市经济发展、城市土地及环境、城市智能化水平几个主要方面提出输电网与经营环境协调评估指标（图 5.6）。

1. 城市经济发展协调指标

电网的发展应与区域经济发展相协调，并具有一定的超前量。城市经济发展协调指标主要包含电力消费弹性系数、单位 GDP 电耗、交易电价平均水平 3 个指标（表5.10）：电力消费弹性系数用以评估电力与经济发展之间的总体关系，反映电力发展与国民经济发展的协调程度；单位 GDP 电耗直接反映了一个国家（地区）经济发展对能

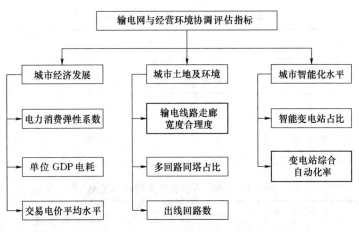

图 5.6　输电网与经营环境协调评估指标

源的依赖程度；交易电价平均水平作为电网收益协调性的评估指标，表征电网净利润与电网输配电容量之间的协调关系。

表 5.10　　　　　　　　　　城市经济发展协调主要评估指标

协调指标	主要评估指标	对应效果类指标
城市经济发展协调	电力消费弹性系数	节能环保、适应性强
	单位 GDP 电耗	
	交易电价平均水平	

2. 城市土地及环境协调指标

随着城市的发展，土地资源越来越稀缺，人们的经济和环保意识越来越强，仅仅注重电网经济和可靠性的规划方案已基本无法实施。将电网规划与城市规划紧密结合，协调一致，不仅可以充分利用有限的资源，满足电网经济和可靠性的需求，又能达到城市发展要求的目的。城市土地及环境协调指标主要包含输电线路走廊宽度合理度、多回路同塔占比、出线回路数 3 个指标（表 5.11）。上述指标体现输电线路走廊的合理利用情况。

表 5.11　　　　　　　　　　城市土地及环境协调主要评估指标

协调指标	主要评估指标	对应效果类指标
城市土地及环境协调	输电线路走廊宽度合理度	节能环保、适应性强
	多回路同塔占比	
	出线回路数	

3. 城市智能化水平协调指标

智能变电站是指符合《智能变电站优化集成设计建设指导意见》和《智能变电站通用设计》等相关规定的变电站，它和变电站综合自动化代表了输电网的主体智能程度。城市智能化水平协调指标主要包含智能变电站占比、变电站综合自动化率两个指标（表 5.12）。

表 5.12　　　　　　　　　　城市智能化水平协调主要评估指标

协调指标	主要评估指标	对应效果类指标
城市智能化水平协调	智能变电站占比	先进、高效
	变电站综合自动化率	

4. 输电网与经营环境协调评估指标汇总

将输电网与经营环境协调性作为评估子目标，将城市经济发展、城市土地及环境、城市智能化水平作为一级指标，将各细分指标作为二级指标汇总（表 5.13）。

表 5.13　　　　　　　　　　输电网与经营环境协调评估指标汇总

评估子目标	主要评估指标		对应效果类指标
	一级指标	二级指标	
输电网与经营环境协调	城市经济发展协调	电力消费弹性系数	节能环保、适应性强
		单位 GDP 电耗	
		交易电价平均水平	
	城市土地及环境协调	输电线路走廊宽度合理度	节能环保、适应性强
		多回路同塔占比	
		出线回路数	
	城市智能化水平协调	智能变电站占比	先进、高效
		变电站综合自动化率	

5.3.5　输电网内部协调评估指标

以下分别从安全性、网架结构、经济效益几个主要方面提出输电网内部协调评估指标（图 5.7）。

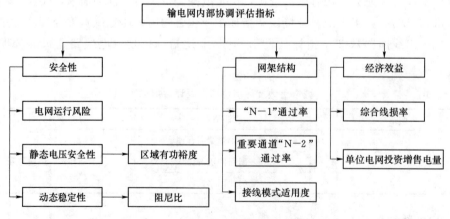

图 5.7　输电网内部协调评估指标

1. 安全性协调指标

安全性协调指标主要包括电网运行风险、静态电压安全性、动态稳定性 3 个指标（表 5.14）：电网运行风险主要是考察电网故障后造成危害的严重性，电网运行风险值的大小表征了电网可能发生的风险程度，如风险值过高，则需立即采取措施纠正；如风险值较小，则说明电网安全性较高，可能发生的风险很小或在可接受的范围内。静态电压安全性表征电力系统的裕度大小、哪些母线和线路最薄弱。动态稳定性反映了电网受到扰动之后的功角、频率、电压稳定性。

表 5.14　　　　　　　　　　　安全性协调主要评估指标

协调指标	主要评估指标	对应效果类指标
安全性协调	电网运行风险	安全、可靠
	静态电压安全性	
	动态稳定性	

2. 网架结构协调指标

输电网网架结构涉及变电站和线路两方面，输电网网架结构确定后，输电网的供电能力也就随之确定，同时也直接关系着网架的经济性、供电的安全性和适应性。网架结构协调指标主要包括"N－1"通过率、重要通道"N－2"通过率、接线模式适用度 3 个指标（表 5.15）：电网的"N－1"通过率和重要通道"N－2"通过率，用以检验电网结构强度和运行方式是否满足安全运行要求，反映了电网供电的安全性和抵抗大面积停电的能力。接线模式适用度主要是基于区域负荷密度，在典型网架结构的基础上，考虑网架接线自身特点、可靠性、经济性、协调性后，给出适合不同负荷密度的典型结构，即在保证供电可靠性的同时兼顾了设备利用率和经济性。

表 5.15　　　　　　　　　　　网架结构协调主要评估指标

协调指标	主要评估指标	对应效果类指标
网架结构协调	"N－1"通过率	安全、可靠
	重要通道"N－2"通过率	
	接线模式适用度	

3. 经济效益协调指标

在新一轮电力体制改革政策实行后，应更加重视电网运行效率及经济性水平，以促进电网企业的综合效能和经济性提升。经济效益协调指标主要包括综合线损率和单位电网投资增售电量（表 5.16）。

表 5.16　　　　　　　　　　　经济效益协调主要特性指标

协调性指标	主要评估指标	对应效果类指标
经济效益协调	综合线损率	先进、高效
	单位电网投资增售电量	

4. 输电网内部协调评估指标汇总

综上，将输电网内部协调作为评估子目标，选取安全性、网架结构、经济效益分别作为一级指标，将各细分指标作为二级指标汇总（表5.17）。

表 5.17　　　　　　　　　输电网内部协调评估指标汇总

评估子目标	主要特性指标		效果类指标
	一级指标	二级指标	
输电网内部协调	安全性协调	电网运行风险	安全、可靠
		静态电压安全性	
		动态稳定性	
	网架结构协调	"N−1" 通过率	安全、可靠
		重要通道 "N−2" 通过率	
		接线模式适用度	
	经济效益协调	综合线损率	先进、高效
		单位电网投资增售电量	

5.3.6　输电网发展协调性评估指标体系

至此，已经构建了输电网与电源、输电网与负荷、输电网与经营环境以及输电网内部的各子目标协调性评估指标。由前文分析得，电网的安全稳定、供电可靠、先进高效、适应性强等效果类指标，无法进行量化处理与数学计算，因此在指标选取上需要考虑与效果类指标对应的可量化性，即最终指标形式为特性类指标。

本指标体系包含了新一轮电力体制改革前后输电网发展协调性评估的指标，共29项。其中有5项为直接反映新一轮电力体制改革效应的指标，分别为清洁能源接入容量占比、送出（外来）电占比、供需均衡指数、发电侧市场力水平和交易电价平均水平；其余24项为输电网评估适用指标，输电网发展协调性评估指标体系见表5.18。

表 5.18　　　　　　　　　输电网发展协调性评估指标体系

评估总目标	评估子目标	主要评估指标		对应效果类指标	指标说明
		一级指标	二级指标		
输电网发展协调性	输电网与电源协调	电源规模协调	发电容量裕度	安全、可靠	电网指标
			变机比		电网指标
			线机比		电网指标
		电源结构协调	调峰电源占比	节能环保、适应性强	电网指标
			清洁能源接入容量占比		电力体制改革效应指标
			送出（外来）电占比		电力体制改革效应指标
		电力市场建设协调	供需均衡指数	先进、高效	电力体制改革效应指标
			发电侧市场力水平		电力体制改革效应指标

续表

评估总目标	评估子目标	主要评估指标		对应效果类指标	指标说明
		一级指标	二级指标		
输电网发展协调性	输电网与负荷协调	负荷发展协调	容载比	先进、高效	电网指标
		负载均衡度协调	变电站站间负载均衡度		电网指标
			出线负载均衡度		电网指标
		负荷分布协调	变电站平均利用率		电网指标
			线路平均利用率		电网指标
	输电网与经营环境协调	城市经济发展协调	电力消费弹性系数	节能环保、适应性强	电网指标
			单位 GDP 电耗		电网指标
			交易电价平均水平		电力体制改革效应指标
		城市土地及环境协调	输电线路走廊宽度合理度	节能环保、适应性强	电网指标
			多回路同塔占比		电网指标
			出线回路数		电网指标
		城市智能化水平协调	智能变电站占比	先进、高效	电网指标
			变电站综合自动化率		电网指标
	输电网内部协调	安全性协调	电网运行风险	安全、可靠	电网指标
			静态电压安全性		电网指标
			动态稳定性		电网指标
		网架结构协调	"N−1"通过率	安全、可靠	电网指标
			重要通道"N−2"通过率		电网指标
			接线模式适用度		电网指标
		经济效益协调	综合线损率	先进、高效	电网指标
			单位电网投资增售电量		电网指标

5.4 输电网发展协调性评估指标计算及取值范围

5.4.1 输电网与电源协调评估指标

1. 电源规模协调指标

（1）发电容量裕度。电力系统在负荷高峰以及预期和适度未预期的系统元件故障时也能保持持续向用户提供足够的电量需求的能力，即发电系统可用容量（电厂装机容量）与系统峰荷的差值与可用容量之间的百分比，计算公式为

$$u_{发电容量裕度} = \frac{S_{可用容量} - L_{\max}}{S_{可用容量}} \times 100\% \qquad (5.1)$$

式中：$u_{发电容量裕度}$ 为电网的发电容量裕度；$S_{可用容量}$ 为电网的可用容量；$L_{\max}$ 为电网当前

的最大负荷水平。

1）指标物理含义：指标表征了系统发电侧在负荷增加时的应急能力和电力交换发电侧的整体水平，是反映电网供电可靠性的重要指标。若发电容量裕度为正且较大，表明电力充足，可考虑向区外送电；若发电容量裕度为负，则需考虑电源扩建或从区外受电。

2）指标取值范围：指标为区间指标，取值范围为 [0，1]，依据相关文献确定合理范围为 16.67%～18.37%（书中类似指标均采用百分数表示）。

（2）变机比。变机比计算公式为

$$变机比 = \frac{变电容量总和}{电源装机容量总和} \quad (5.2)$$

1）指标物理含义：该指标反映电源装机规模与电网建设规模的协调性。若变机比过大，则电网建设规模存在资产浪费；若变机比过小，则可能存在电源送出困难，电网设备重过载的情况，因此该指标是反映电网可持续发展的重要指标。

2）指标取值范围：指标为区间指标，取值范围为 [0，+∞)，主要针对 500kV 电压等级，依据相关文献确定合理范围为 1.5～1.6。

（3）线机比。线机比计算公式为

$$线机比 = \frac{输电线路长度}{电源装机规模} \quad (5.3)$$

1）指标物理含义：在电网中若输电线路铺设过短，有可能无法满足当前或未来电力需求增长和地区经济发展的需要；若输电线路铺设过长，有可能造成资源浪费，并对环境造成不必要的破坏。该指标主要反映电网可持续发展能力。

2）指标取值范围：指标为区间指标，取值范围为 [0，+∞)，依据相关文献确定合理范围为 1.6 左右。

2. 电源结构协调指标

（1）调峰电源占比。随电网的发展，具有明显随机性、反调峰特性的风电、光伏发电等清洁能源占比逐渐升高，在一定程度上增加了电网运行的复杂性，降低了电网的整体调峰能力。综合考虑，应加强多种能源间的互补发电，降低新能源发电不确定性带来的不良影响，优化电源结构及出力特性。同时，注重发展具有年以上调节性能的水电类别，提高调峰电源占比，以适合电力市场环境下更复杂的需求侧管理要求。

1）指标物理含义：调峰电源占比的高低直接反映了地区电源结构的合理程度。调峰电源占比高有利于提高当地的系统调峰能力以及提升输电网设备利用率；调峰电源占比较低则不利于电网的灵活、可靠运行；但若调峰电源占比过高，则增加了电网投资，不利于整体电网的经济运行。

2）指标取值范围：关于该指标目前尚无明确标准，因此该指标设为定性指标，需根据具体区域的自然资源具体分析，转化为数值后取值范围为 [0，1]。

（2）清洁能源接入容量占比。清洁能源接入容量占比定义为该区域清洁能源接入容量占全部等效电源装机容量的比例，反映区域清洁能源的利用水平，体现电源与电网技术水平的协调程度，计算公式为

$$\lambda_{\text{清洁能源接入容量占比}}=\frac{S_{\text{该区域全部清洁能源发电总装机容量}}}{S_{\text{全部等效电源装机容量}}}\times100\%\qquad(5.4)$$

1）指标物理含义：该指标反映的是电网建设发展过程中清洁能源的接纳程度，由于风电、光伏电站等某些新能源电站发电的不确定性，因此新能源发电占比越高，则电网的适应性越强。

2）指标取值范围：该指标水平应保持上升趋势，取值范围为［0，1］，为极大型指标，越接近1越好。

（3）送出（外来）电占比。

1）对于有送出需求的区域，该指标表现为送出电占比。根据能源的不同利用模式，可将全部等效电源装机容量分为当地负荷用电、跨区域送电以及由于其他原因导致的弃电（如弃风/弃光/弃水等），计算公式为

$$S_{\text{全部等效电源装机容量}}=P_{\text{送出电力}}+P_{\text{当地负荷用电}}+P_{\text{弃电}}\qquad(5.5)$$

电网应尽量避免弃电的发生，即跨区域送电与当地负荷用电之和应尽量等于当地全部等效电源装机，因此定义送出电占比为交直流跨区、跨省送出电力与当地全部等效电源装机容量的比值，计算公式为

$$\lambda_{\text{送出（外来）电占比}}=\frac{P_{\text{交直流跨区跨省送出电力}}}{S_{\text{全部等效电源装机容量}}}\times100\%\qquad(5.6)$$

（a）指标物理含义：送出电占比反映的是电源整体装机的有效利用情况，对于能源富余地区，送出电占比越高，则当地能源利用情况越好；如当地有弃水、弃风，且送出电占比较低，则需采取相应措施调节当地的能源利用情况。

（b）指标取值范围：该指标取值范围为［0，1］，且该值越接近（1－$\frac{P_{\text{当地负荷用电}}}{S_{\text{全部等效电源装机容量}}}$）越好。

2）对于有外来电的区域，该指标表现为外来电占比。定义为交直流跨区、跨省输入电力占全部等效电源装机容量的比重，反映外来电的供应和利用水平，计算公式为

$$\lambda_{\text{送出（外来）电占比}}=\frac{P_{\text{交直流跨区跨省输入电力}}}{S_{\text{全部等效电源装机容量}}}\times100\%\qquad(5.7)$$

（a）指标物理含义：体现外来电与电网发展建设的协调程度，外来电占比越高，则说明本地区与外来电的协调程度和技术适用程度也越高。该指标也适用于省级电网评估。

（b）指标取值范围：该指标为区间指标，取值范围为［0，1］。从系统调峰、事故电压水平和系统稳定3方面考虑，外来电占比指标宜控制在20%～27%范围内。

3．电力市场建设协调指标

（1）供需均衡指数。稳定的电力规划应该使得在有效期内电力供需平衡，甚至是电力供应略大于需求，这里用供需均衡指数来表征电力供需情况。供需均衡指数计算公式为

$$\Gamma_i=\frac{G_i(1-\lambda)}{D_i}\qquad(5.8)$$

式中：G_i 为第 i 年的规划最大电源装机容量；D_i 为第 i 年的规划最高负荷预测值；λ 为系统的备用率，需根据当地相关标准确定。

1）指标物理含义：指标表征的是电源与负荷之间的长期供需情况，当指标等于 1 时，表明电源供应和负荷需求水平一致。当该指标过高时，表明电源供应过剩，存在资源浪费；当指标过低时，表明电源供应不足，供电稳定性差。

2）指标取值范围：该指标取值范围为 $[0，+\infty)$，为区间指标，等于 1 或略大于 1 时较为合理。

（2）发电侧市场力水平。发电侧市场力水平可以通过赫芬达尔-赫希曼指数（Herfindahl - Hirschman index，HHI）表征。HHI 是指某一市场上 50 家最大企业（如果少于 50 家企业就是所有企业）每家企业市场占有份额的平方之和，计算公式为

$$HHI = \sum_{i=1}^{N}\left(\frac{X_i}{X}\right)^2 = \sum_{i=1}^{N}S_i^2 \tag{5.9}$$

式中：X 为市场的总规模；X_i 为第 i 家企业的规模；S_i 为第 i 个企业的市场份额；N 为该产业内的企业数。

1）指标物理含义：HHI 值越大，表明市场集中度越高，垄断程度越高。当市场处于完全垄断时，HHI＝1；当市场上有 N 个企业且规模都相同时，HHI＝$1/N$；产业内企业的规模越是接近，且企业数越多，HHI 指数就越接近 0。

以 HHI 值为基准的市场结构分类，一般而言，HHI 值应介于 0～1 之间，但通常之表示方法是将其值乘 10000 予以放大，故 HHI 应介于 0～10000 之间。美国司法部（U.S.Department of Justice）利用 HHI 作为评估某一产业集中度的指标，并且订出下列的标准：以 HHI 值为基准的市场结构分类普遍认为，HHI＞3000 意味着行业有较高的垄断性；HHI 值在 1000～3000 之间为寡占型；HHI＜1000 表明市场具有竞争性；当 HHI＜500 时，可以认为竞争较为充分。

2）指标取值范围：该指标为定性指标，取值范围为 $(0，10000]$，在 500 附近时较为合理。

5.4.2　输电网与负荷协调评估指标

1. 负荷发展协调指标——容载比

容载比指区域某一电压层级下变电站总容量与所带最大负荷的比值，该指标从整体上反映某一区域电网变电容量对于负荷的供电能力，计算公式为

$$R = \frac{\sum S}{P_{max}} \tag{5.10}$$

式中：R 为容载比；$\sum S$ 为区域内某电压等级最大负荷日投入的变电总容量；P_{max} 为该电压等级最大负荷日的最大负荷。

（1）指标物理含义：容载比取值过大，将造成电网设备利用不经济；取值过小，则造成电网对新增负荷无法供电或供电困难。在负荷增长率低、网络结构联系紧密的区域，容载比可适当降低；在负荷增长率高、网络结构联系不强（如为了控制电网的短路水平，网络必须分区、分列运行时）区域，容载比可适当提高，以满足电网供电可靠性

和负荷快速增长的需要。

（2）指标取值范围：该指标为区间指标，对于 500kV 电网，容载比取值范围为 1.4～1.6，对于 220kV 电网容载比取值范围为 1.6～1.9。

2. 负载均衡度协调指标

（1）变电站站间负载均衡度。变电站站间负载均衡度是指电网各变电站总负载率的差异程度。

1）计算方法：设规划电网内有 n 座某等级变电站，N_i 为第 i 座变电站的主变台数，p_{ij} 为第 i 座变电站的第 j 台主变的额定容量，L_{dij} 为第 i 座变电站的第 j 台主变实际规划负荷，$R_{T\max}$、$R_{T\min}$ 分别为第 i 座变电站的最大负载率和最小负载率，$\sum_{j=1}^{N_i} L_{dij}$ 为第 i 座变电站实际负荷，$\sum_{j=1}^{N_i} p_{ij}$ 为第 i 座变电站额定总容量。

各变电站的最大负载均衡度为

$$\alpha_{T\max} = R_{T\max} - R_{T\min} = \max_i \left(\frac{\sum_{j=1}^{N_i} L_{dij}}{\sum_{j=1}^{N_i} p_{ij}} \times 100\% \right) - \min_i \left(\frac{\sum_{j=1}^{N_i} L_{dij}}{\sum_{j=1}^{N_i} p_{ij}} \times 100\% \right) \quad (5.11)$$

2）指标物理含义：$\alpha_{T\max}$ 越小表明变电站站间负载均衡度越高，变电站建设与负荷分布较合理，电网的可靠性越好。

3）指标取值范围：该指标为极大型指标，取值范围为 [0，1]，越接近 1 越好。

（2）出线负载均衡度。出线负载均衡度主要是衡量电网中出线负载率的差异情况。

1）计算方法：设 n 为电网某电压等级的出线条数，p_i 为第 i 条出线的额定容量，L_{di} 为第 i 条出线的实际负荷大小，$R_{L\max}$、$R_{L\min}$ 分别为电网中所有出线的最大负载率和最小负载率。则出线最大负载均衡度为

$$\alpha_{L\max} = R_{L\max} - R_{L\min} = \max_i \left(\frac{L_{di}}{p_i} \times 100\% \right) - \min_i \left(\frac{L_{di}}{p_i} \times 100\% \right) \quad (5.12)$$

2）指标物理含义：$\alpha_{L\max}$ 越小表明出线负载均衡度越高，变电站各出线所带负荷综合情况较好，变电站线路的可靠性较好。

3）指标取值范围：该指标为极大型指标，取值范围为 [0，1]，越接近 1 越好。

3. 负荷分布协调指标

（1）变电站平均利用率。变电站平均利用率是反映电网建设与负荷分布协调性中变电站设备利用率的分布情况。计算公式详见 3.3.1 节。

1）指标物理含义：变电站平均利用率越大表明变电站与负荷分布的协调性越好，变电站建设与负荷分布越合理，电网的可靠性越高。

2）指标取值范围：该指标为极大型指标，取值范围为 [0，1]，越接近 1 越好。

（2）线路平均利用率。线路平均利用率反映电网建设与负荷分布协调性中线路利用率的分布情况。计算公式详见 3.3.1 节。

1）指标物理含义：线路平均利用率越大表明输电线路建设与负荷分布的协调性越

好，输电线路建设与负荷分布越合理，电网的可靠性越高。

2）指标取值范围：该指标为极大型指标，取值范围为 $[0,1]$，越接近 1 越好。

5.4.3　输电网与经营环境协调评估指标

1. 城市经济发展协调指标

（1）电力消费弹性系数。电力消费弹性系数是指一段时间内电力消费增长速度与国内生产总值（GDP）增长速度的比值，用以评估电力与经济发展之间的总体关系，计算公式为

$$e = \frac{E}{P} \tag{5.13}$$

式中：e 为电力消费弹性系数；E 为某一时期内电力总消费量年均增长率；P 为同一时期内国内生产总值年均增长率。

1）指标物理含义：不同国家在不同的经济发展阶段，其电力消费弹性系数有不同的数值。这一系数的变化不仅与电力工业的发展水平直接有关，还与科学技术水平、经济结构、资源状况、产品结构、装备和管理水平以及人民生活水平等因素有关。电力消费弹性系数的变化大体可归纳为系数数值等于 1、大于 1 和小于 1 三种趋向。

（a）当经济发展过程中基本保持原来产业结构和原有技术水平，其扩大再生产是以扩大外延方式为主时，电力总消费量年均增长率和国内生产总值年均增长率将会同步增长，使电力消费弹性系数保持等于 1 的趋向。

（b）当经济发展处于工业化初期或产业结构趋于合理化阶段，使用电力来替代直接使用的一次能源和其他动力的范围不断扩大，特别是在发展中国家高电耗的重工业和基础工业的比重增大过程中，电力总消费量增长会超过国内生产总值的增长，使电力消费弹性系数呈现大于 1 的趋向。

（c）当产业结构由合理化向高级化转变，产业结构和产品结构向节能型方向调整和转变，用电效率不断提高，节能工作加强，以及单位产品电耗降低时，电力消费弹性系数会呈现小于 1 的趋向。

在实际经济发展过程中这 3 种趋向是并存的，但不同阶段内通常有一种趋向占主导地位。

2）指标取值范围：该指标为定性指标，取值范围为 $[0,+\infty)$，考虑我国国情，电力消费弹性系数的理想取值范围为 $1\sim1.2$。

（2）单位 GDP 电耗。单位 GDP 电耗是指一定时期内一个国家或地区全社会用电量与该地区 GDP 的比值。该指标直接反映了一个国家（地区）经济发展对能源的依赖程度，即每创造一个单位的社会财富需要消耗的能源数量，计算公式为

$$单位\,GDP\,电耗 = \frac{全社会用电总量}{地区生产总值} \tag{5.14}$$

1）指标物理含义：单位 GDP 电耗越大，说明经济发展对能源的依赖程度越高。粗放型经济增长方式主要依靠增加生产要素投入来扩大生产规模，实现经济增长，而集约型经济增长方式则是主要依靠科技进步和提高劳动者的素质等来增加产品数量和提高产

品质量，推动经济增长。以粗放型经济增长方式实现的经济增长，相比于集约型经济增长方式，能源消耗较高，单位 GDP 电耗相对较大，所以该指标也间接反映产业结构状况、设备技术装备水平、能源消费构成和利用效率等多方面内容。

2）指标取值范围：该指标反映电能利用效率，为定性指标，取值范围为 $[0，+\infty)$，随着经济的发展，该值应逐渐降低。

（3）交易电价平均水平。随着电网输配电容量的不断增加，电网净利润应等比逐渐增加，电网输配电电价总水平应趋于稳定。选取电网交易电价平均水平作为电网收益协调性的评估指标，表征电网净利润与电网输配电容量之间的协调关系。电网输配电电价总水平为电网输配电总准许收入与总输配电量的比值，计算公式为

$$电网输配电电价总水平 = \frac{电网输配电总准许收入}{总输配电量} \tag{5.15}$$

电网交易电价平均水平 λ 主要是以同比和环比的角度来反映电网输配电价总水平的波动情况，计算公式为

$$\lambda = \left(0.5 \times \frac{p_{当年} - p_{去年同期}}{p_{去年同期}} + 0.5 \times \frac{p_{本期} - p_{上期}}{p_{上期}}\right) \times 100\% \tag{5.16}$$

式中：$p_{当年}$ 为评估当年的电网输配电价总水平；$p_{去年同期}$ 为评估当年的去年同期电网输配电电价总水平；$p_{本期}$ 为评估当期的电网输配电价总水平；$p_{上期}$ 为评估当期上一期的电网输配电电价总水平。

1）指标物理含义：电网交易电价平均水平反映的是电网输配电容量与电网净利润间的比例关系，随着电网输配电收费制度的越来越完善，该指标应趋向于稳定。

2）指标取值范围：该指标为定性指标，取值范围为 $[0，1]$，当输配电电价趋于稳定时，交易电价平均水平应趋于 0。

2. 城市土地及环境协调指标

（1）输电线路走廊宽度合理度。输电线路走廊宽度受线路布置方式、电压等级等诸多因素影响。一方面，由于需要满足最小安全间距、降低对周边声环境及电磁环境的影响，输电走廊不能过窄；另一方面，在我国输电线路密集度高这一现实情况下，输电缆过宽，必然会造成极大的土地资源浪费。因此，输电线路走廊宽度合理度指标，用衡量输电线路同土地资源之间的协调性。

以"达标"或"不达标"来衡量输电走廊是否合理，达标即输电走廊宽度能够满足电力设计、运行准则的相关要求。高压架空电力线路规划走廊宽度具体取值见表5.19。

表 5.19　　　　　　　　高压架空电力线路规划走廊宽度

线路电压等级/kV	高压线走廊宽度/m	线路电压等级/kV	高压线走廊宽度/m
500	60～75	110～66	15～25
330	35～45	35	12～20
220	30～40		

针对全网进行评估时，可通过计算全部线路走廊宽度合理度的加权平均值进行评估，权重系数根据线路的重要程度设定。

1）指标物理含义：该指标反映了城市输电线路与城市土地占用情况的协调程度，线路走廊满足规范要求越好，则对城市环境的影响越小。

2）指标取值范围：该指标为定性指标，当指标满足规范要求，则为"达标"，当指标不满足规范要求，则为"不达标"，转化为数值后分别对应满分和零分。

（2）多回路同塔占比。输变电工程建设中采用的同塔多回路设计技术，是提高单位走廊宽度输电容量的有力措施之一，多回路同塔占比计算公式为

$$多回路同塔占比 = \frac{多回路同塔数}{总出线回路数} \times 100\% \tag{5.17}$$

1）指标物理含义：多回路同塔占比越高，表明地区输变电工程单位走廊的电力输送容量越大，与城市土地资源的协调程度越好。

2）指标取值范围：该指标取值范围为 [0，1]，为极大型指标，越接近 1 越好。

（3）出线回路数。出线回路数是指变压器高、中、低侧的出线线路条数。

1）指标物理含义：该指标应符合不同电压等级变电站设计的出线回路数，同时应尽量接近设计间隔的最大值。该指标越大，说明变电站出线间隔的综合利用效率越高。

2）指标取值范围：该指标为定性指标，当指标与设计要求相符，则为"达标"，当指标不满足设计要求，则为"不达标"，转化为数值后分别对应满分和零分。

3. 城市智能化水平协调指标

（1）智能变电站占比。智能变电站是采用先进、可靠、集成和环保的智能设备，以全站信息数字化、通信平台网络化、信息共享标准化为基本要求，自动完成信息采集、测量、控制、保护、计量和检测等基本功能，同时具备支持电网实时自动控制、智能调节、在线分析决策和协同互动等高级功能的变电站。智能变电站占比计算公式为

$$智能变电站占比 = \frac{智能变电站座数}{变电站总座数} \times 100\% \tag{5.18}$$

1）指标物理含义：智能变电站是坚强智能电网建设中实现能源转化和控制的核心平台之一，智能变电站占比体现了智能电网与城市智能化的协调发展程度，智能变电站占比越高，则说明电网建设与城市智能化发展匹配程度越高。

2）指标取值范围：该指标取值范围为 [0，1]，为极大型指标，越接近 1 越好。

（2）变电站综合自动化率。变电站综合自动化是指采用一系列模块化、分布式结构、通信功能等实现基本的智能化控制技术。变电站综合自动化率计算公式为

$$变电站综合自动化率 = \frac{综合自动化变电站座数}{变电站总座数} \times 100\% \tag{5.19}$$

1）指标物理含义：变电站综合自动化率同样表征了智能电网与城市智能化的协调发展程度，变电站综合自动化率越高，说明电网建设与城市智能化发展匹配程度越高。

2）指标取值范围：该指标取值范围为 [0，1]，为极大型指标，越接近 1 越好。

5.4.4　输电网内部协调评估指标

1. 安全性协调指标

（1）电网运行风险。在电网高速发展的过程中，电网的安全稳定运行也存在一定的

隐患。因而，有必要对电网进行风险分析研究，找出电网的薄弱环节，并有针对性地提出合理、可行的解决措施和建议，从电网结构层面预防和减少电力事故、事件的发生，确保电网的安全稳定运行和用户的安全可靠用电。

1）本书风险评估指标体系参考 IRCC 指标体系，使用 IRCC"风险评估公式"可以计算危害造成风险的严重性，风险值计算主要考虑 3 个因素：①由于危害造成可能事故的后果；②危害因素的暴露；③完整的事故顺序和发生后果的可能性。

其计算公式为

$$风险值＝后果×暴露×可能性 \tag{5.20}$$

（a）"后果"评分标准。"后果"在 IRCC 安全风险评估方法中定义为由于危害造成的事故的最大可能的结果。结合《中国南方电网有限责任公司电力事故事件调查规程》（Q/CSG 210020—2014）要求，将电力安全事故等级划分为特别重大事故、重大事故、较大事故、一般事故和一级、二级、三级事件，依次评分为 100 分、50 分、25 分、15 分、10 分、8 分、5 分（附录中表 B.1）。

（b）"暴露"评分标准。在 IRCC 安全风险评估方法中定义为危害时间出现的频率或者职业"暴露"的计量，从连续的"10 分"不断降低到特别少的"0.5 分"。根据历史故障发生频率，再依据 IRCC 评分标准，对某省电网的故障"暴露"评分标准建议见附表 B.2、附表 B.3。

（c）"可能性"评分标准。可能性在 IRCC 安全风险评估方法中定义为一旦危害事件发生，事件按照完整事故顺序发展导致事故后果的机会。在电网运行风险评估中，"可能性"的评分最为复杂，需要综合考虑电网故障时刻的运行方式、继电保护、备自投装置动作、稳控装置动作以及其他调度控制措施的效果。对电网故障"可能性"及 IRCC"可能性"的评分标准建议见附表 B.4、附表 B.5。

2）指标物理含义：电网运行风险评估定量地分析了故障的可能性、发生频率和严重性，可以作为确定性分析方法的补充。该指标取值越大，则电网可能发生的风险后果越严重，需尽快采取措施进行纠正。

3）指标取值范围：该指标为定性指标，参考 IRCC 提供的风险值标准，结合电网运行特点，给出电网运行风险值判断标准（表 5.20）。

表 5.20　　　　　　　　　　电网运行风险值判断标准

风险值	层次选择参考	风险值	层次选择参考
＞400	非常高的风险，需要立即采取措施纠正	20～70	可能的风险，需要关注
200～400	高风险，需要尽快采取措施纠正	＜20	可接受的风险，容忍
70～200	中风险，需要纠正		

（2）静态电压安全性。为了保证电力系统的安全稳定运行，系统应保持一定的有功储备，称之为有功裕度，计算公式为

$$K_p=\frac{P_{\max}-P}{P}×100\% \tag{5.21}$$

式中：P、$P_{\max}$ 分别为区域正常有功功率和临界有功功率。

1）指标物理含义：区域负荷有功功率裕度表征了静态电压安全性指标，该指标取值越大，表示系统有功裕量越大，系统电压稳定性越大。

2）指标取值范围：指标取值范围为 $[0, 1]$，为极大值指标。在区域最大有功或最大断面潮流下，正常或检修方式下，K_p 应大于 8%。因此，在 $K_p > 8\%$ 时，该指标即为"通过"。

（3）动态稳定性。动态稳定性反映了电网受到扰动之后的功角、频率、电压稳定性，因此选用电网内部地区震荡模式下扰动发生后的阻尼比来考察系统的动态稳定性。

1）指标物理含义：某省电网内部还存在为数较多的地区振荡模式，包括地区电网对系统的振荡模式、单个电厂（机组）对系统的振荡模式，一种模式的强相关机组为一个地区电网内部的大部分电厂组成的同调机群，另一种模式的强相关机组为少数电厂（机组）。在电网发生小扰动（电网内部的主要地区机组退出时引起的振荡模式）和大扰动（主要送电断面的线路进行"N−1"故障扰动）时，阻尼比越大，则电网对扰动的敏感性越低，应对扰动的能力越强。

2）指标取值范围：该指标取值范围为 $[0, 1]$，为极大值指标，依据《南方电网安全稳定计算分析导则》（Q/CSG 11004—2009），电网内部地区性振荡模式的阻尼比应大于 4.5%，满足标准则该指标为合格。

2. 网架结构协调指标

（1）"N−1"通过率。"N−1"通过率用以检验电网结构坚强度和是否满足第一级安全稳定标准要求，是指电网中任意一个元件（如输电线路、变压器等）发生故障时，电网能够通过操作开关等方式保持稳定运行，并保证电网中其他元件不会过负荷。

1）指标物理含义："N−1"通过情况为衡量某一电压等级电网主要输变电元件（线路、主变等）满足"N−1"原则的情况，用以检验电网结构强度和是否满足第一级安全稳定标准要求：当全部元件均满足"N−1"原则时，其"N−1"满足情况为"通过"；否则，为"不通过"。计算时可分变电站和线路分别统计。

2）指标取值范围：该指标取值范围为 $[0, 1]$，越接近 1 越好，为极大型指标。

（2）重要通道"N−2"通过率。重要通道"N−2"通过率用以考查电网结构坚强度和第二级安全稳定标准的实现程度。这里的"2"为同塔双回线、平行双回线、电力系统间重要的双回互联线。"N−2"通过率按不采取稳定控制措施的情况下，电网可保持稳定的线路或变电站统计。

1）指标物理含义：该指标取值在规程及导则中没有具体要求。一般来说，不采取稳定控制措施的"N−2"通过率越高，说明网架结构越坚强。

2）指标取值范围：该指标取值范围为 $[0, 1]$，越接近 1 越好，为定性指标。

（3）接线模式适用度。随着电网的建设，网架结构发展成为多种多样的形式，电网典型接线模式如图 5.8 所示。

从网架接线模式的连通度来看，网架中节点度数越均衡，则网架的连通度越大，例如单电源单环式结构，其中节点的度数都是 2，而对于双电源环式，其中节点的度数最大是 3，最小的是 1，所以网架的连通度也较单环式的连通度小。从线路的长度来看，单电源双回路环式在单位负荷密度下的线路平均长度最大，这表示对单位负荷供电的线

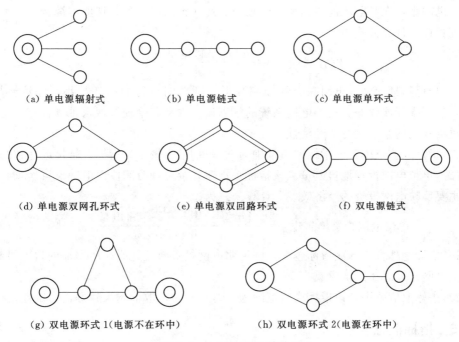

(a) 单电源辐射式　　　　(b) 单电源链式　　　　(c) 单电源单环式

(d) 单电源双网孔环式　　(e) 单电源双回路环式　　(f) 双电源链式

(g) 双电源环式 1(电源不在环中)　　　　(h) 双电源环式 2(电源在环中)

图 5.8　电网典型接线模式

路较多，供电路径较多，所以网架的性能相对较好。

不同接线模式下，电网建设的经济性、可靠性也不同，从电网建设的投资、切负荷的风险、电网与未来负荷的协调性以及转供电能力等角度综合考虑，定义网架接线模式适用度指标。

1) 指标物理含义：该指标综合考虑了电网建设的经济性和可靠性，网架的接线模式越复杂，电网投资成本越大，供电可靠性也随之提高；接线模式越简单，则在保障经济性的时同时，降低了供电可靠性。因此，实际电网规划时，应结合当地的负荷情况，选择适用于当地电网及负荷发展的电网网架接线模式。

2) 指标取值范围：该指标为定性指标，根据不同负荷密度地区应选取相应的网架结构：单电源辐射式供电形式适用在负荷密度小于 $200kW/km^2$ 的地区；单电源单环式供电形式适用在负荷密度为 $200\sim500kW/km^2$ 的地区；单电源双回路环式供电形式则适用在负荷密度大于 $500kW/km^2$ 时的地区。

分析网架的转供能力可知，单电源双回路环式结构在发生"N-1"故障时的转供能力达到了 100%，双电源环式次之，而其他几种结构在负荷密度大于 $300kW/km^2$ 后会急剧下降，这说明在较大负荷密度的地区不宜采用这些结构，而适合选用双回路环式结构与双电源环式结构。

3. 经济效益协调指标

(1) 综合线损率。线路损失率简称"线损率"，是在供电生产过程中耗用和损失的电量占供电量的比率。线损率的大小是电网运营单位的规划设计能力、生产技术水平、管理水平 3 个方面的综合反映。根据工作分析需要的不同，线损率有以下几种：综合线

损率、电网企业在某区域的线损率、网损率、地区损失率。此处选取"综合线损率"作为研究指标，计算公式为

$$综合线损率 = \frac{供电量-售电量}{供电量} \times 100\% \qquad (5.22)$$

1）指标物理含义：电网综合线损率越低，则电网运行的损耗越小，经济性越高。因此，这一指标能够充分反映电网系统的规划设计水平和管理调度水平，且在一定程度上可以反映电网系统运行的经济性。

2）指标取值范围：该指标取值范围为 [0，1]，为极小型指标，越接近 0 越好。

（2）单位电网投资增售电量。该指标是指在某个统计时间段内电网投资所增售的电量，主要反映电网投资的经济效益，计算公式为

$$单位电网投资增售电量 = \frac{当年售电量-上一年售电量}{上一年电网投资} \times 100\% \qquad (5.23)$$

1）指标物理含义：该指标越大，则说明电网投资效益越好，所增加的售电量越多，表征了电网建设总体经济成效。

2）指标取值范围：该指标取值范围为 [0，+∞)，取值越大越好，为定性指标。

5.4.5　指标汇总

综上，输电网发展协调性评估体系中各项指标类型和取值范围汇总见附表 A.1。29 个二级指标中，定性指标 11 个，定量指标 18 个。定量指标中，极大型指标最多，共 11 个；区间型指标数量居中，为 6 个；极小型指标最少，共 1 个。

5.5　小　　结

本章首先明确了输电网发展协调性评估指标体系建立的原则，并从电力用户、电力企业、社会 3 个利益群体出发，对输电网发展协调性评估目标属性进行分析，从而避免评估指标间的耦合性；其次，从输电网与电源、输电网与负荷、输电网与经营环境、输电网内部 4 个方面，构建了输电网发展协调性评估的指标体系；最后，本章就各评估指标的具体计算方法及取值范围进行了详细说明。后续章节的评估方法研究及实践，均基于本章的评估指标体系开展，因此，本章为后续研究内容提供了十分重要的理论依据。

第6章 输电网发展协调性评估

6.1 输电网发展协调性评估原则及思路

6.1.1 评估原则

由于影响输电网发展协调性评估的因素众多，在具体评估工作中，既要全面把握输电网发电的整体特征，又要突出重点；既要注重定量分析，又要兼顾定性描述。为了全面、客观、准确地对输电网发展协调性进行评估，在实际评估工作中应遵循以下原则：

（1）客观准确。客观性和准确性是科学评估的基础，也是输电网发展协调性评估的前提。具体评估工作中，应从客观实际的角度对评估对象进行深入分析，尽可能减少主观行为的影响。

（2）全面系统。评估工作应能全面、系统地反映输电网发展的整体情况，不可片面地强调某一方面特征而忽视整体规划方案的效果。

（3）符合实际。对现状输电网及已有规划方案的评估结果应与实践经验相符合，确保评估工作具有实用性和适用性，使得对未来规划方案的评估具有可信性。

6.1.2 评估实施思路

输电网发展协调性评估过程包括评估指标设置和评估实施两个方面。在深刻分析输电网和电源、负荷、经营环境及输电网内部影响因素特性的基础上，本书第5章研究选取了具有代表性、能够充分反映输电网性能、便于计算和量测的指标，本章将进一步合理地选择指标的评估判据和评分标准，通过综合的评估决策方法，判断现状及规划输电网的优劣。具体评估流程如图6.1所示。

在现状及规划输电网评估阶段，主要评估内容如下。

1. 评估方法的选择

本章采用层次分析法和模糊综合评估法相结合的评估方法，来对现状及规划输电网发展协调性进行评估。

（1）层次分析法。层次分析法（Analytic Hierarchy Process，AHP）是一种定性与定量相结合的多属性决策方法，它的基本原理是根据具有递阶结构的目标、子目标（准则）、约束条件及部门等来评估方案，用比较的方法确定判断矩阵，然后把判断矩阵最大特征根相应的特征向量的分量作为相应系数，最后综合出各方案各自的权重。

AHP具有系统性、综合性、准确性、简便性等特点，适用于解决结构较为复杂、难以量化的多目标决策问题，也是处理某些难于完全用定量方法分析的复杂问题的一种

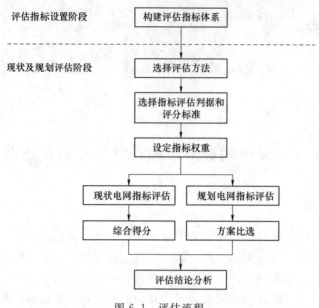

图 6.1 评估流程

有力手段。

（2）模糊综合评估法。模糊综合评估法是一种基于模糊数学的综合评估方法。该综合评估法根据模糊数学的隶属度理论把定性评估转化为定量评估，即用模糊数学对受到多种因素制约的事物或对象作出一个总体的评估。它具有结果清晰，系统性强的特点，能较好地解决模糊的、难以量化的问题，适合各种非确定性问题的解决。

2．指标权重的计算

本章主要利用 AHP 来进行指标权重的计算。

3．指标评分标准

本章主要利用模糊综合评估法来确定指标的评分标准。

6.2 AHP法计算输电网发展协调性评估指标权重

6.2.1 AHP计算指标权重原理

层次分析法是美国运筹学家 T. L. Saaty 教授于 20 世纪 70 年代提出的一种实用的多方案或多目标的决策方法，是一种定性与定量相结合的决策分析方法。其优点包括：①系统性。将对象视作系统，按照分解、比较、判断、综合的思维方式进行决策，即做到了系统分析。②实用性。定性与定量相结合，能处理传统的优化方法不能解决的问题。③简洁性。计算简便，结果明确，便于决策者直接了解和掌握。

基于上述这些优点，AHP 常被运用于多目标、多准则、多要素、多层次的非结构化的复杂决策问题，特别是战略决策问题，具有十分广泛的实用性。因此，对于输电网发展协调性评估这类多目标、定性与定量评估指标共存的复杂问题，选用 AHP 评估方法是十分适用的。AHP 评估的 5 个主要步骤如图 6.2 所示。

下面分别就这 5 个步骤进行详细介绍：

（1）建立层次结构模型。这一步骤主要是将决策的目标、考虑的因素（决策准则）和决策对象按它们之间的相互关系分为最高层、中间层和最低层，绘出层次结构图。其中：最高层为评估的总目标，主要是拟解决的问题；中间层是准则层，是为实现总目标而采取的措施；最低层为方案层，主要为用于解决问题的备选方案。AHP 层次结构模型如图 6.3 所示。

（2）构造判断矩阵。该步骤主要是针对两两因素进行相互比较，以尽可能减少性质不同因素相互比较的困难，以提高准确度。具体方法采用 Saaty 等提出的一致矩阵法，并引

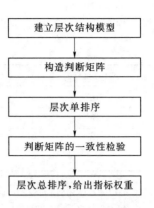

图 6.2　AHP 评估的 5 个主要步骤

入 1～9 比率标度方法构造出判断矩阵，得到各因素的相对权重。构造两两判断矩阵时，以上一级的因素为基准对同一层次的因素进行两两比较，并根据事先选定的评定尺度，确定其相对重要程度，最后据此建立量化的判断矩阵。判断矩阵评定尺度见表 6.1。

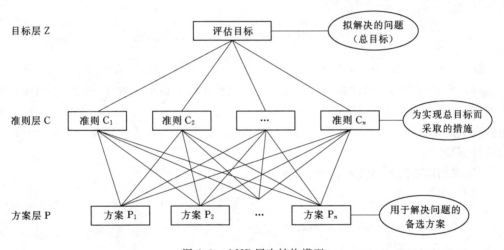

图 6.3　AHP 层次结构模型

表 6.1　　　　　　　　　　判断矩阵评定尺度表

评定尺度	含　义
1	i 因素与 j 因素同样重要
3	i 因素比 j 因素略微重要
5	i 因素比 j 因素重要
7	i 因素比 j 因素明显重要
9	i 因素比 j 因素极端重要
2、4、6、8	i 因素与 j 因素比较结果处于上述结果之间
倒数	j 因素与 i 因素比较结果是 i 因素与 j 因素比较结果的倒数

根据评定尺度确定判断矩阵，具体示例见表 6.2。

表 6.2　　　　　　　　　　　　　判　断　矩　阵　示　例　表

A（总目标）	B_1（一指标级）	B_2	…	B_n
B_1	a_{11}	a_{12}	…	a_{1n}
B_2	a_{21}	a_{22}	…	a_{2n}
…	…	…	…	…
B_n	a_{n1}	a_{n2}	…	a_{nn}

（3）层次单排序。层次单排序是指，给出对于上一层某因素而言本层次各因素重要性的排序，具体计算方法如下。

1）首先计算各行因素的几何平均值 $\overline{w}_i$：

$$\overline{w}_i = \left(\prod_{j=1}^{n} a_{ij} \right)^{\frac{1}{n}} \tag{6.1}$$

其中，$i = 1, 2, \cdots, n$。

2）将 $\overline{w}_i$ 进行归一化计算：

$$w_i = \frac{\overline{w}_i}{\sum_{i=1}^{n} \overline{w}_i} \tag{6.2}$$

其中，$i = 1, 2, \cdots, n$，得到 $w_i = (w_1, w_2, \cdots, w_n)$，即为各因素相对权重。

（4）判断矩阵的一致性检验。一致性是指判断思维的逻辑一致性。如当甲因素比丙因素极端重要，而乙因素比丙因素稍微重要时，显然甲因素一定比乙因素重要。即判断矩阵完成后还需通过一致性检验判断思维的逻辑一致性，防止矛盾判断的发生。一致性检验计算步骤如下。

1）求判断矩阵的最大特征值 $\lambda_{\max}$：

$$\lambda_{\max} = \frac{1}{n} \sum_{i=1}^{n} \frac{\sum_{j=1}^{n} a_{ij} w_j}{w_i} \tag{6.3}$$

式中：n 为判断矩阵的阶数。

2）计算一致性指标 CI：

$$CI = \frac{\lambda_{\max} - n}{n - 1} \tag{6.4}$$

3）根据表 6.3 查找相应的一致性指标 RI。

表 6.3　　　　　　　　　　　　　一　致　性　指　标　RI

n	2	3	4	5	6	7	8	9
RI	0	0.58	0.90	1.12	1.24	1.32	1.41	1.45

4）计算 CR：

$$CR = \frac{CI}{RI} \tag{6.5}$$

当满足 $CR<0.1$ 时，认为判断矩阵的一致性是令人满意的，即此时可用特征向量 w_i 作为权向量；如不满足 $CR<0.1$，则需重新构造判断矩阵，直到一致性检验通过为止。

（5）层次总排序，给出指标权重。确定某层所有因素对于总目标相对重要性的排序权值过程，称为层次总排序。这一过程是从最高层到最底层依次进行的。对于最高层而言，其层次单排序的结果也就是总排序的结果。

6.2.2 输电网与电源协调评估指标权重

首先依据德尔菲法（也称专家调查法），对输电网与电源协调评估指标体系进行实际调研。选取 10 位专家，分别建立不同层次指标的判断矩阵，再应用层次分析法进行指标权重的计算。计算过程采用 Python 编程实现，AHP（层次分析法）计算权重过程软件界面如图 6.4 所示。

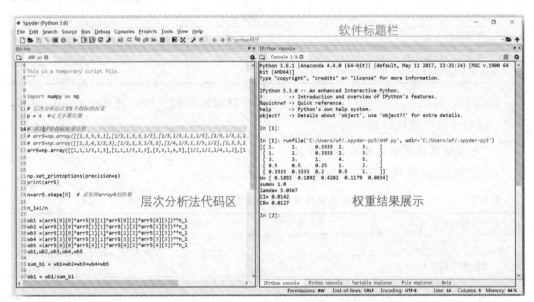

图 6.4　AHP（层次分析法）计算权重过程软件界面

输电网与电源协调评估指标权重计算见表 6.4。

表 6.4　　　　　　　　　输电网与电源协调评估指标权重计算

输电网与电源协调指标	电源规模	电源结构	电力市场建设	权重
电源规模	1	3	5	0.6267
电源结构	1/3	1	4	0.2797
电力市场建设	1/5	1/4	1	0.0936

经计算，得到 $\lambda_{\max}=3.0858$，$CI=0.0429$，判断矩阵的一致性比率 $CR=0.0740$，小于 0.1，通过一致性检验。

1. 电源规模协调评估指标权重

电源规模协调评估指标权重计算见表 6.5。

表 6.5 电源规模协调评估指标权重计算

电源规模协调指标	发电容量裕度	变机比	线机比	权重
发电容量裕度	1	2	3	0.5278
变机比	1/2	1	3	0.3325
线机比	1/3	1/3	1	0.1396

经计算，得到 $\lambda_{max} = 3.0536$，$CI = 0.0268$，判断矩阵的一致性比率 $CR = 0.0462$，小于 0.1，通过一致性检验。

2. 电源结构协调评估指标权重

电源结构协调评估指标权重计算见表 6.6。

表 6.6 电源结构协调评估指标权重计算

电源结构协调指标	调峰电源占比	清洁能源接入容量占比	送出（外来）电占比	权重
调峰电源占比	1	2	3	0.5499
清洁能源接入容量占比	1/2	1	1	0.2402
送出（外来）电占比	1/3	1	1	0.2098

经计算，得到 $\lambda_{max} = 3.0183$，$CI = 0.0091$，判断矩阵的一致性比率 $CR = 0.0157$，小于 0.1，通过一致性检验。

3. 电力市场建设协调评估指标权重

电力市场建设协调评估指标权重计算见表 6.7。

表 6.7 电力市场建设协调评估指标权重计算

电力市场建设协调指标	供需均衡指数	发电侧市场力水平	权重
供需均衡指数	1	2	0.6667
发电侧市场力水平	1/2	1	0.3333

因指标仅有 2 项，默认通过一致性检验。

总结输电网与电源协调评估指标权重见表 6.8。

表 6.8 输电网与电源协调评估指标权重

评估子目标	一级指标	一级指标权重	二级指标	二级指标权重
输电网与电源协调	电源规模协调	0.6267	发电容量裕度	0.5278
			变机比	0.3325
			线机比	0.1396
	电源结构协调	0.2797	调峰电源占比	0.5499
			清洁能源接入容量占比	0.2402
			送出（外来）电占比	0.2098
	电力市场建设协调	0.0936	供需均衡指数	0.6667
			发电侧市场力水平	0.3333

6.2.3　输电网与负荷协调指标权重

输电网与负荷协调评估指标权重计算见表 6.9。

表 6.9　　　　　　　　输电网与负荷协调评估指标权重计算

输电网与负荷协调评估	负荷发展	负载均衡度	负荷分布	权重
负荷发展	1	2	2	0.5000
负载均衡度	1/2	1	1	0.2500
负荷分布	1/2	1	1	0.2500

经计算，得到 $\lambda_{max}=3$，$CI=0$，判断矩阵的一致性比率 $CR=0.0$，小于 0.1，通过一致性检验。

1. 负荷发展协调评估指标权重

因负荷发展只选取容载比一个指标，因此指标权重为 1。

2. 负载均衡度协调评估指标权重

负载均衡度协调评估指标权重计算见表 6.10。

表 6.10　　　　　　　　负载均衡度协调评估指标权重计算

负载均衡度协调指标	变电站站间负载均衡度	出线负载均衡度	权重
变电站站间负载均衡度	1	2	0.6667
出线负载均衡度	1/2	1	0.3333

因指标仅有 2 项，默认通过一致性检验。

3. 负荷分布协调评估指标权重

负荷分布协调评估指标权重计算见表 6.11。

表 6.11　　　　　　　　负荷分布协调评估指标权重计算

负荷分布协调指标	变电站平均利用率	线路平均利用率	权重
变电站平均利用率	1	2	0.6667
线路平均利用率	1/2	1	0.3333

因指标仅有 2 项，默认通过一致性检验。

总结输电网与负荷协调评估指标权重见表 6.12。

表 6.12　　　　　　　　输电网与负荷协调评估指标权重计算

评估子目标	一级指标	一级指标权重	二级指标	二级指标权重
输电网与负荷协调	负荷发展协调	0.5000	容载比	1
	负载均衡度协调	0.2500	变电站站间负载均衡度	0.6667
			出线负载均衡度	0.3333
	负荷分布协调	0.5000	变电站平均利用率	0.6667
			线路平均利用率	0.3333

6.2.4 输电网与经营环境协调指标权重

输电网与经营环境协调评估指标权重计算见表 6.13。

表 6.13　　　　　　　　输电网与经营环境协调评估指标权重计算

输电网与经营环境协调指标	城市经济发展	城市土地及环境	城市智能化水平	权重
城市经济发展	1	3	5	0.6370
城市土地及环境	1/3	1	3	0.2583
城市智能化水平	1/5	1/3	1	0.1047

经计算，得到 $\lambda_{max}=3.0385$，$CI=0.0192$，判断矩阵的一致性比率 $CR=0.03317$，小于 0.1，通过一致性检验。

1. 城市经济发展协调评估指标权重

城市经济发展协调评估指标权重计算见表 6.14。

表 6.14　　　　　　　　城市经济发展协调评估指标权重计算

城市经济发展协调指标	电力消费弹性系数	单位 GDP 电耗	交易电价平均水平	权重
电力消费弹性系数	1	3	5	0.6370
单位 GDP 电耗	1/3	1	3	0.2583
交易电价平均水平	1/5	1/3	1	0.1047

经计算，得到 $\lambda_{max}=3.0385$，$CI=0.0192$，判断矩阵的一致性比率 $CR=0.03317$，小于 0.1，通过一致性检验。

2. 城市土地及环境协调评估指标权重

城市土地及环境协调评估指标权重计算见表 6.15。

表 6.15　　　　　　　　城市土地及环境协调评估指标权重计算

城市土地及环境协调指标	输电线路走廊宽度合理度	多回路同塔占比	出线回路数	权重
输电线路走廊宽度合理度	1	2	5	0.5591
多回路同塔占比	1/2	1	5	0.3522
出线回路数	1/5	1/5	1	0.0887

经计算，得到 $\lambda_{max}=3.0536$，$CI=0.0268$，判断矩阵的一致性比率 $CR=0.0462$，小于 0.1，通过一致性检验。

3. 城市智能化水平协调评估指标权重

城市智能化水平协调评估指标权重计算见表 6.16。因指标仅有 2 项，默认通过一致性检验。总结输电网与经营环境协调评估指标权重见表 6.17。

表 6.16 城市智能化水平协调评估指标权重计算

城市智能化水平协调指标	智能变电站占比	变电站综合自动化率	权重
智能变电站占比	1	1	0.5000
变电站综合自动化率	1	1	0.5000

表 6.17 输电网与经营环境协调评估指标权重

评估子目标	一级指标	一级指标权重	二级指标	二级指标权重
输电网与经营环境协调	城市经济发展协调	0.637	电力消费弹性系数	0.6370
			单位 GDP 电耗	0.2583
			交易电价平均水平	0.1047
	城市土地及环境协调	0.2634	输电线路走廊宽度合理度	0.5591
			多回路同塔占比	0.3522
			出线回路数	0.0887
	城市智能化水平协调	0.1047	智能变电站占比	0.5000
			变电站综合自动化率	0.5000

6.2.5 输电网内部协调指标权重

输电网内部协调评估指标权重计算见表 6.18。

表 6.18 输电网内部协调评估指标权重计算

输电网内部协调指标	安全性	网架结构	电网经济效益	权重
安全性	1	1	5	0.4806
网架结构	1	1	3	0.4054
电网经济效益	1/5	1/3	1	0.1140

经计算，得到 $\lambda_{max}=3.0291$，$CI=0.0146$，判断矩阵的一致性比率 $CR=0.0252$，小于 0.1，通过一致性检验。

1. 安全性协调评估指标权重

安全性协调评估指标权重计算见表 6.19。

表 6.19 安全性协调评估指标权重计算

安全性协调指标	电网运行风险	静态电压安全性	动态稳定性	权重
电网运行风险	1	1/2	1/3	0.1634
静态电压安全性	2	1	1/2	0.2970
动态稳定性	3	2	1	0.5396

经计算，得到 $\lambda_{max}=3.0092$，$CI=0.0046$，判断矩阵的一致性比率 $CR=0.0079$，小于 0.1，通过一致性检验。

2. 网架结构协调评估指标权重

网架结构协调评估指标权重计算见表 6.20。

表 6.20 网架结构协调评估指标权重计算

网架结构协调指标	"N−1" 通过率	重要通道 "N−2" 通过率	接线模式适用度	权重
"N−1" 通过率	1	1	3	0.4286
重要通道 "N−2" 通过率	1	1	3	0.4286
接线模式适用度	1/3	1/3	1	0.1429

经计算，得到 $\lambda_{max}=3$，$CI=0$，判断矩阵的一致性比率 $CR=0$，小于 0.1，通过一致性检验。

3. 经济效益协调评估指标权重

经济效益协调评估指标权重计算见表 6.21。

表 6.21 经济效益协调评估指标权重计算

经济效益协调指标	综合线损率	单位电网投资增售电量	权重
综合线损率	1	3	0.75
单位电网投资增售电量	1/3	1	0.25

因指标仅有 2 项，默认通过一致性检验。

总结输电网内部协调评估指标权重见表 6.22。

表 6.22 输电网内部协调评估指标权重

评估子目标	一级指标	一级指标权重	二级指标	二级指标权重
输电网内部协调	安全性协调	0.4806	电网运行风险	0.1634
			静态电压安全性	0.2970
			动态稳定性	0.5396
	网架结构协调	0.4054	"N−1" 通过率	0.4286
			重要通道 "N−2" 通过率	0.4286
			接线模式适用度	0.1429
	经济效益协调	0.1140	综合线损率	0.7500
			单位电网投资增售电量	0.2500

6.2.6 输电网发展协调性评估指标体系权重

输电网发展协调性子目标权重计算见表 6.23。

表 6.23 输电网发展协调性子目标权重计算

输电网发展协调性	输电网与电源协调	输电网与负荷协调	输电网与经营环境协调	输电网内部协调	权重
输电网与电源协调	1	1/2	3	1	0.2500
输电网与负荷协调	2	1	3	1	0.3536
输电网与经营环境协调	1/3	1/3	1	1/3	0.0991
输电网内部协调	1	1	3	1	0.2973

经计算，得到 $\lambda_{max} = 4.0123$，$CI = 0.0031$，判断矩阵的一致性比率 $CR = 0.0025$，小于 0.1，通过一致性检验。

汇总上述各子目标的评估指标权重计算结果，得到输电网发展协调性评估指标综合权重取值见附表 A.2。

6.3 输电网发展协调性指标得分标准

指标的定性描述必须通过量化转换成规范的定量数据，这是由不同的底层指标基于不同含义和目的设计而决定的。另外，已量化的定量数据往往具有不同的量纲和数量级，需要规范化后才能进行比较或者综合。这种利用一定的标度体系将各种原始数据转化为可用于直接比较的规范化格式，就是指标得分标准。

得分标度多采用百分制、十分制和五分制。本书采用百分制，结合模糊隶属度法，计算出输电网发展协调性评估指标的得分标准。

6.3.1 模糊隶属度法

制定指标得分标准的方法有很多，目前使用最为广泛的是模糊隶属度法，利用隶属度函数，来反映被考察对象某种模糊性质或隶属某个模糊概念的程度，即建立一个从论域（被考察对象的全体）到 $[0, 1]$ 上的映射。隶属函数的选择要根据具体问题来定，要以符合客观实际情况为准则，只要所建立的隶属函数能够满足现实需要，符合客观规律，就认为是正确的隶属函数。因此，根据输电网发展协调性评估定性指标与定量指标的特点，选择了不同的隶属函数确定方法。

1. 定性指标隶属度计算

定性指标的隶属度选择模糊统计法来确定，具体做法：为邀请 m 位专家（如 $m = 10$），根据给定评语集中的评语等级，分别对各个指标进行评估，确定各个指标的等级，之后对所有专家的评估结果进行统计，得到指标 m 个专家中认为指标 U_{ij} 隶属于评语 V_{ij} 的专家个数 m_{ij}，以此为基础计算对应的隶属度 r_{ij}。计算公式为

$$r_{ij} = \frac{m_{ij}}{m} \qquad (6.6)$$

式中：m_{ij} 为认为指标 U_{ij} 隶属于评语 V_{ij} 的专家个数；m 为所有参加评估的专家总数。

据此可得到定性指标 U_i 的单因素模糊综合评估 $R_i = (r_{i1}, r_{i2}, r_{i3})$。

2. 定量指标隶属度计算

定量指标的隶属度函数计算采用模糊分布法。在客观事物中，最常见的是以实数 **R** 作论域的情形，通常实数集 **R** 上模糊集的隶属函数称为模糊分布。当所讨论的客观模糊现象的隶属函数与某种给定的模糊分布相类似时，即可选择这个模糊分布作为所求的隶属函数，然后再通过先验知识或数据实验确定符合实际的参数，从而得到具体的隶属函数。

定量指标的隶属度函数通常可以分为效益型、成本型和适中型 3 类，分别对应极大

型指标、极小型指标和中间型指标。极大型指标是指取值越大越好的指标，极小型指标是指取值越小越好的指标，中间型指标是指取值应在某固定区间的指标。

与3类指标对应的常见模糊分布及图形包括矩形分布或半矩形、梯形分布或半梯形分布、高斯分布或半高斯分布、柯西分布或半柯西分布等，本章选择梯形分布或半梯形分布的模糊分布，具体如图6.5所示。图6.5中，a_i为被考察指标因素，S_i表示a_i在$[0，1]$中的位置，即a_i对某种决策评语的隶属度。

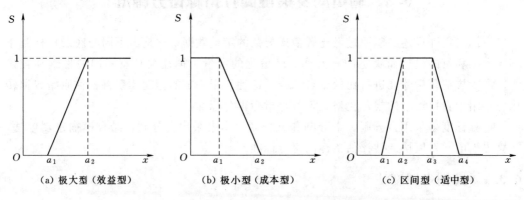

（a）极大型（效益型）　　　（b）极小型（成本型）　　　（c）区间型（适中型）

图6.5　梯形分布或半梯形分布的模糊分布图

基于梯形分布或半梯形分布的隶属度函数分别定义如下。

（1）极大型指标。这类指标主要是效益型指标，指标值越大，表明被评估对象某方面的评估结果越好。其隶属度函数为

$$s_1(x)=\begin{cases}0, & x\leqslant a_1\\ \dfrac{x-a_1}{a_2-a_1}, & a_1<x\leqslant a_2\\ 1, & x>a_2\end{cases} \tag{6.7}$$

（2）极小型指标。这类指标主要是成本型指标，指标值越小，表明被评估对象某方面的评估结果越好。其隶属度函数为

$$s_2(x)=\begin{cases}1, & x\leqslant a_1\\ \dfrac{x-a_2}{a_1-a_2}, & a_1<x\leqslant a_2\\ 0, & x>a_2\end{cases} \tag{6.8}$$

（3）适中型指标。这类指标也称为区间型指标，其最优值在某一固定区间，隶属度函数为

$$s_3(x)=\begin{cases}0, & x\leqslant a_1 \text{ 或 } x\geqslant a_4\\ \dfrac{x-a_1}{a_2-a_1}, & a_1<x<a_2\\ 1, & a_2\leqslant x\leqslant a_3\\ \dfrac{x-a_4}{a_3-a_4}, & a_3<x<a_4\end{cases} \tag{6.9}$$

在确定定量指标隶属度时，首先根据指标的性质判断采用哪种模型，接下来根据该定量指标的具体数值确定隶属函数中的各个参数的具体值。由于不同的指标其量纲、数值等存在显著差异，因此定量指标隶属函数中各参数的具体值并无统一标准，需要结合各指标的实际情况进行确定。

常见的参数确定方法为基于指标的统计数据确定，如对于极大或极小型指标，a_1 为指标历史统计数据的第一个三等分点，即总容量 N 个样本中，其 $N/3$ 容量处；a_2 为第二个三等分点，即总容量 N 个样本中，其 $2N/3$ 容量处。对于区间型指标，需结合其历史数据的实际曲线进行确定。

确定了隶属函数中的参数值后，可将指标的实际值代入隶属度函数，进而求得定量指标的得分值。

6.3.2　输电网发展协调性评估指标得分标准计算

1. 输电网与电源协调指标

（1）电源规模协调评估指标。

1）发电容量裕度。发电容量裕度是一个区间型指标，指标取值范围为 $[0, 1]$，合理范围为 $16.67\% \sim 18.37\%$，即为梯形指标取值，其标准化指标函数可采用梯形化处理函数，如图 6.6 所示。

a_1 为 0，a_2 为 16.67%，a_3 为 18.37%，a_4 为 100%。发电容量裕度指标梯形化处理函数转化映射见表 6.24。

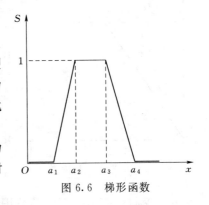

图 6.6　梯形函数

表 6.24　　　　　　　　发电容量裕度指标梯形化处理函数转化映射

函数类型	实际值范围	标准化隶属度函数值	备 注
梯形化处理函数	$x \in [0, 16.67\%)$	$f(x) = 600x$	x 为实际取值，$f(x)$ 为百分制标准化值
	$x \in [16.67\%, 18.37\%)$	$f(x) = 100$	
	$x \in [18.37\%, 100\%]$	$f(x) = 123(1-x)$	

2）变机比。变机比是一个区间型指标，指标取值范围为 $[0, +\infty)$，合理范围为 $1.5 \sim 1.6$，为梯形指标取值，其标准化指标函数可采用梯形化处理函数，如图 6.6 所示。a_1 为 0，a_2 为 1.5，a_3 为 1.6，a_4 为 5。

变机比指标梯形化处理函数具体转化映射见表 6.25。

表 6.25　　　　　　　　变机比指标梯形化处理函数转化映射

函数类型	实际值范围	标准化隶属度函数值	备 注
梯形化处理函数	$x \in [0, 1.5)$	$f(x) = 66.7x$	x 为实际取值，$f(x)$ 为百分制标准化值
	$x \in [1.5, 1.6)$	$f(x) = 100$	
	$x \in [1.6, 5)$	$f(x) = 29.4(5-x)$	
	$x \in [5, +\infty)$	$f(x) = 0$	

3）线机比。线机比指标取值范围为 $[0, +\infty)$，为区间指标，合理范围为1.6左右，标准化指标函数可采用梯形化处理函数，如图6.6所示。函数中，a_1 为0，a_2 为1.6，a_3 为1.7，a_4 为10。线机比指标梯形化处理函数转化映射见表6.26。

表 6.26　　　　　　　　　线机比指标梯形化处理函数转化映射

函数类型	实际值范围	标准化隶属度函数值	备　注
梯形化处理函数	$x \in [0, 1.6)$	$f(x) = 62.5x$	x 为实际取值，$f(x)$ 为百分制标准化值
	$x \in [1.6, 1.7)$	$f(x) = 100$	
	$x \in [1.7, 10)$	$f(x) = 12(10 - x)$	
	$x \in [10, +\infty)$	$f(x) = 0$	

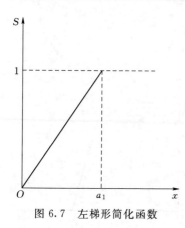

图 6.7　左梯形简化函数

（2）电源结构协调评估指标。

1）调峰电源占比。该指标为定性指标，依据模糊统计法，根据专家投票占比来确定。

2）清洁能源接入容量占比。清洁能源接入容量占比指标转化为数值后取值范围为 $[0, 1]$，为极大型指标，越接近1越好。其标准化指标函数可采用左梯形简化处理函数，如图6.7所示。

a_1 为100%，清洁能源接入容量占比指标左梯形简化处理函数具体转化映射见表6.27。

3）送出（外来）电占比。

（a）外来电占比指标取值范围为 $[0, 1]$，为区间指标，宜控制在20%～27%的范围内，即为梯形指标取值，其标准化指标函数可采用梯形化处理函数，如图6.6所示。a_1 为10%，a_2 为20%，a_3 为27%，a_4 为40%。

外来电占比指标梯形化处理函数转化映射见表6.28。

表 6.27　　　　　清洁能源接入容量占比指标左梯形简化处理函数转化映射

函数类型	实际值范围	标准化隶属度函数值	备　注
左梯形简化处理函数	$x \in [0, 100\%]$	$f(x) = 100x$	x 为实际取值，$f(x)$ 为百分制标准化值

表 6.28　　　　　　　　外来电占比指标梯形化处理函数转化映射

函数类型	实际值范围	标准化隶属度函数值	备　注
梯形化处理函数	$x \in [0, 20\%)$	$f(x) = 500(x - 0.1)$	x 为实际取值，$f(x)$ 为百分制标准化值
	$x \in [20\%, 27\%)$	$f(x) = 100$	
	$x \in [27\%, 100\%]$	$f(x) = 137(1 - x)$	

（b）送出电占比指标取值范围为 $[0, 1]$，为区间型指标，越接近 $\left(1 - \dfrac{P_{当地负荷用电}}{S_{全部等效电源装机容量}}\right)$ 越好，即无弃电最好。送出电应结合评估区域具体情况而定，为定性指标。

（3）电力市场建设协调评估指标。

1）供需均衡指数。供需均衡指数标准取值范围为 $[0，+\infty)$，为区间指标，等于 1 或略大于 1 时较为合理。其标准化指标函数可采用梯形处理函数，如图 6.6 所示。供需均衡指数指标梯形化处理函数转化映射见表 6.29。

表 6.29 供需均衡指数指标梯形化处理函数转化映射

函数类型	实际值范围	标准化隶属度函数值	备 注
梯形化处理函数	$x \in [0,1)$	$f(x) = 100x$	x 为实际取值，$f(x)$ 为百分制标准化值
	$x \in [1,1.2)$	$f(x) = 100$	
	$x \in [1.2,3)$	$f(x) = 55.6(3-x)$	
	$x \in [3,+\infty)$	$f(x) = 0$	

2）发电侧市场力水平。该指标取值范围为 $(0，10000]$，为定性指标，在 500 附近时较为合理，需结合当地实际发电商市场占有情况确定。

2. 输电网与负荷协调指标

（1）负荷发展协调评估指标。容载比指标为区间指标，对于 500kV 电网，容载比取值范围为 1.4～1.6；对于 220kV 电网，容载比取值范围为 1.6～1.9。其标准化指标函数可采用梯形处理函数，如图 6.6 所示。

1）对于 500kV 电网，a_1 为 0，a_2 为 1.4，a_3 为 1.6，a_4 为 4.2。500kV 电网容载比指标梯形化处理函数转化映射见表 6.30。

表 6.30 500kV 电网容载比指标梯形化处理函数转化映射

函数类型	实际值范围	标准化隶属度函数值	备 注
梯形化处理函数	$x \in [0,1.4)$	$f(x) = 71.4x$	x 为实际取值，$f(x)$ 为百分制标准化值
	$x \in [1.4,1.6)$	$f(x) = 100$	
	$x \in [1.6,4.2)$	$f(x) = 38.5(4.2-x)$	
	$x \in [4.2,+\infty)$	$f(x) = 0$	

2）对于 220kV 电网，a_1 为 0，a_2 为 1.6，a_3 为 1.9，a_4 为 4.2。梯形化处理函数转化映射见表 6.31。

表 6.31 220kV 电网容载比指标梯形化处理函数转化映射

函数类型	实际值范围	标准化隶属度函数值	备 注
梯形化处理函数	$x \in [0,1.6)$	$f(x) = 62.5x$	x 为实际取值，$f(x)$ 为百分制标准化值
	$x \in [1.6,1.9)$	$f(x) = 100$	
	$x \in [1.9,4.2)$	$f(x) = 43.5(4.2-x)$	
	$x \in [4.2,+\infty)$	$f(x) = 0$	

（2）负载均衡度协调评估指标。

1）变电站站间负载均衡度。变电站站间负载均衡度取值范围为 $[0，1]$，为极大型指标，理想取值为 1。即为左梯形指标取值，其标准化指标函数可采用左梯形化处理函数,如图 6.7 所示。a_1 为 100%。变电站站间负载均衡度指标左梯形化处理函数转化映射见表 6.32。

表 6.32　　　　　　　　变电站站间负载均衡度指标左梯形化处理函数转化映射

函数类型	实际值范围	标准化隶属度函数值	备　注
左梯形化处理函数	$x \in [0, 100\%]$	$f(x) = 100(1-x)$	x 为实际取值,$f(x)$ 为百分制标准化值

2)出线负载均衡度。变电站出线负载均衡度取值范围为 [0,1],为极大型指标,理想取值为 1。其标准化指标函数可采用左梯形化处理函数,如图 6.7 所示。a_1 为 100%。出线负载均衡度指标左梯形化处理函数转化映射见表 6.33。

表 6.33　　　　　　　　出线负载均衡度指标左梯形化处理函数转化映射

函数类型	实际值范围	标准化隶属度函数值	备　注
左梯形化处理函数	$x \in [0, 100\%]$	$f(x) = 100(1-x)$	x 为实际取值,$f(x)$ 为百分制标准化值

(3)负荷分布协调评估指标。

1)变电站平均利用率。变电站平均利用率取值范围为 [0,1],为极大型指标,理想取值为 1。即为左梯形指标取值,其标准化指标函数可采用左梯形化处理函数,如图 6.7 所示。a_1 为 100%。变电站平均利用率指标左梯形化处理函数转化映射见表 6.34。

表 6.34　　　　　　　　变电站平均利用率指标左梯形化处理函数转化映射

函数类型	实际值范围	标准化隶属度函数值	备　注
左梯形化处理函数	$x \in [0, 100\%]$	$f(x) = 100x$	x 为实际取值,$f(x)$ 为百分制标准化值

2)线路平均利用率。变电站线路平均利用率取值范围为 [0,1],为极大型指标,理想取值为 1。其标准化指标函数可采用左梯形化处理函数,如图 6.7 所示。a_1 为 100%。出线负载均衡度指标左梯形化处理函数转化映射见表 6.35。

表 6.35　　　　　　　　出线负载均衡度指标左梯形化处理函数转化映射

函数类型	实际值范围	标准化隶属度函数值	备　注
左梯形化处理函数	$x \in [0, 100\%]$	$f(x) = 100x$	x 为实际取值,$f(x)$ 为百分制标准化值

3. 输电网与经营环境协调指标

(1)城市经济发展协调评估指标。

1)电力消费弹性系数。电力消费弹性系数的理想取值范围为 1~1.2,为定性指标,应结合评估地区实际情况进行分析。

2)单位 GDP 电耗。该指标应与评估城市经济发展相适应,为定性指标。

3)交易电价平均水平。该指标为定性指标,与历史交易记录相比,应保持稳定。

(2)城市土地及环境协调评估指标。

1）输电线路走廊宽度合理度。输电线路走廊宽度指标考察输电线路走廊宽度的合理性。不同电压等级下输电线路走廊宽度要求不同，对于 500kV 电压等级，输电线路走廊宽度为 60～75m；对于 220kV 电压等级，输电线路走廊宽度为 30～40m。若输电线路走廊宽度符合设计要求，则该指标达标。

2）多回路同塔占比。该指标取值范围为 [0,1]，取值越大越好。其标准化指标函数可采用左梯形处理函数，如图 6.7 所示。a_1 为 100%。多回路同塔占比指标左梯形简化处理函数转化映射见表 6.36。

表 6.36   多回路同塔占比指标左梯形简化处理函数转化映射

函数类型	实际值范围	标准化隶属度函数值	备 注
左梯形简化处理函数	$x \in [0,100\%]$	$f(x) = 100x$	x 为实际取值，$f(x)$ 为百分制标准化值

3）出线回路数。出线回路数应结合当地的供电可靠性要求和负荷密度来确定，属于定性指标。

（3）城市智能化水平协调评估指标。

1）智能变电站占比。智能变电站占比指标取值范围为 [0,1]，为极大型指标，越接近 1 越好。

根据国家规划，到 2020 年 110（66）kV 及以上智能变电站占变电站总量的 65% 左右。因此，该指标近期的标准化指标函数可采用左梯形处理函数，如图 6.7 所示。智能变电站指标左梯形化处理函数转化映射见表 6.37。

表 6.37   智能变电站指标左梯形化处理函数转化映射

函数类型	实际值范围	标准化隶属度函数值	备 注
左梯形化处理函数	$x \in [0,38\%)$	$f(x) = 60$	x 为实际取值，$f(x)$ 为百分制标准化值
	$x \in [38\%,90\%)$	$f(x) = 76.92x + 30.77$	
	$x \in [90\%,100\%]$	100	

2）变电站综合自动化率。变电站综合自动化率指标取值范围为 [0,1]，为极大型指标，越接近 1 越好。其标准化指标函数可采用左梯形处理函数，如图 6.7 所示。变电站综合自动化率指标左梯形化处理函数转化映射见表 6.38。

表 6.38   变电站综合自动化率指标左梯形化处理函数转化映射

函数类型	实际值范围	标准化隶属度函数值	备 注
左梯形简化处理函数	$x \in [0,100\%]$	$f(x) = 100x$	x 为实际取值，$f(x)$ 为百分制标准化值

4. 输电网内部协调指标

（1）安全性协调评估指标。

1）电网运行风险。电网运行风险越小越好，属于定性指标。

2）静态电压安全性。该指标满足区域有功功率裕度大于 8% 即视为达标，否则得分为零。

3) 动态稳定性。该指标满足区域电网扰动下阻尼比大于 4.5% 即视为达标，否则得分为零。

（2）网架结构协调评估指标。

1) "N-1" 通过率。"N-1" 通过率指标取值范围为 $[0, 1]$，越接近 1 越好，为极大型指标，如图 6.7 所示。a_1 为 100%，其标准化指标函数可采用左梯形简化处理函数左三角形，转化映射见表 6.39。

表 6.39   "N-1" 通过率指标梯形化处理函数转化映射

函数类型	实际值范围	标准化隶属度函数值	备 注
左梯形化处理函数	$x \in [0, 100\%]$	$f(x) = 100x$	x 为实际取值，$f(x)$ 为百分制标准化值

2) 重要通道 "N-2" 通过率。重要通道 "N-2" 通过率取值范围为 $[0, 1]$，越接近 1 越好，为定性指标。

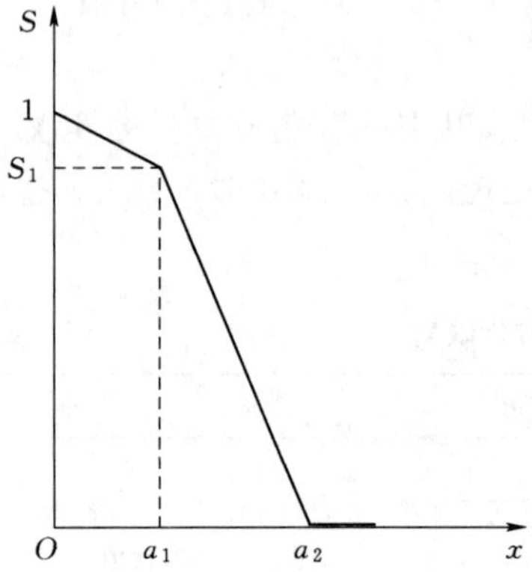

3) 接线模式适用度。该指标为定性指标，根据评估区域的具体情况具体分析。

（3）经济效益协调评估指标。

1) 综合线损率。综合线损率指标取值范围为 $[0, 100\%]$，越接近 0 表明电网的损耗越小，经济性越高，因此理想取值为 0，为极小型指标。从设计角度考虑，输电网综合线损一般在 3%～5% 的范围内，因此，输电网综合线损率采用右梯形分段图形表示（图 6.8）。

a_1 为 3%，a_2 为 5%，S_1 为 0.9，其标准化指标函数可采用右梯形分段处理函数，转化映射见表 6.40。

图 6.8   右梯形函数

表 6.40   综合线损率指标梯形化处理函数转化映射

函数类型	实际值范围	标准化隶属度函数值	备 注
右梯形化处理函数	$x \in [0, 3\%)$	$f(x) = (-10/0.03)x + 100$	x 为实际取值，$f(x)$ 为百分制标准化值
	$x \in [3\%, 5\%)$	$f(x) = -1500x + 135$	
	$x \in [5\%, 100\%]$	$f(x) = (-60/0.95)x + 60/0.95$	

2) 单位电网投资增售电量。单位电网投资增售电量取值越大越好，取值范围为 $(0, +\infty)$，为定性指标，可参考往年电网建设单位电网投资增售电量的取值情况进行评估。

至此，输电网发展协调性评估指标的得分标准已全部分析完毕，汇总见附表 A.1。

6.4　输电网发展协调性评估方法

输电网发展协调性评估在层次分析法的基础上结合模糊综合评估法，具体步骤如下：

（1）利用层次分析法建立层次结构指标体系 U。

（2）利用层次分析法求出指标权重值 W。

（3）计算定性指标的隶属度矩阵 R，又可细分为如下子步骤：

1）设定指标的评语集 V。评语集 V 即评估等级的集合，设 $V=\{v_j\}$，$j=1, 2, \cdots, m$，实际上就是对被评估对象变化区间的一个划分。其中 v_j 代表第 j 个评估等级，m 为评估等级的个数。具体等级可以依据评估内容用适当的语言进行描述，例如评估经济效益可用 $V=$ ｛好、中、差｝来描述；依据已有评语集，定义其数值化结果，即将评语集用数值 B 来表示。例如，将 ｛好、中、差｝数值化为 $B=$ ｛95、65、40｝。

2）统计、确定单因素评估隶属度向量，并形成隶属度矩阵 R。在确定定性指标的隶属关系时，一般是由专家或与评估问题相关的专业人员依据评估等级对评估对象进行投票，然后统计票数结果，即模糊统计法。

（4）按平均加权运算法则，计算定性指标的综合评定向量 S（综合隶属度向量）及综合评定值 μ（综合得分）。即 $S=WR$，$\mu=BS^{\mathrm{T}}$。最终可以用综合评定值 μ 来描述定性评估定性指标对象的综合得分。

（5）计算定量指标的隶属度函数值。利用模糊分布法，选择适合评估指标的分布函数，求得指标的隶属度函数，并转化成与定性指标评语集对应的得分形式 μ'。

（6）将定性指标得分 μ 和定量指标得分 μ' 汇总作为评估的最终综合得分 F，根据模糊成功度法进行输电网发展协调性现状评估。

根据模糊成功度法，将输电网发展协调性成功度标准分为以下 5 个等级：

等级一：完全成功。项目的各项目标都已全面实现或超过。相对成本而言，项目取得巨大的效益和影响。

等级二：基本成功。项目的大部分目标已经实现。相对成本而言，项目达到了预期的效益和影响。

等级三：部分成功。项目实现了原定的部分目标。相对成本而言，项目只取得了一定的效益和影响。

等级四：不成功。项目实现的目标非常有限。相对成本而言，项目几乎没有产生什么正效益和影响。

等级五：失败。项目的目标是不现实的，无法实现。相对成本而言，项目不得不终止。

根据百分制原则，评估目标成功度等级见表6.41。

根据已得到的输电网发展协调性评估的总得分，对应评估等级集合的设定，即可得出输电网发展协调性的最终结论。

（7）对规划输电网的多方案进行综合得分对比，进行方案优选。

综上所述，基于层次分析法赋权和模糊综合评估理论，设计了输电网发展协调性综

表 6.41 评估目标成功度等级

等级	得分	等级	得分
完全成功	85~100	不成功	40~60
基本成功	70~85	失败	0~40
部分成功	60~70		

合评估流程如图 6.9 所示。在确定了输电网发展协调性综合评估指标体系的基础上，后续评估流程主要包括确定指标权重 W、构建隶属矩阵 R 及评估对象的综合评分和给出最终评估结论。

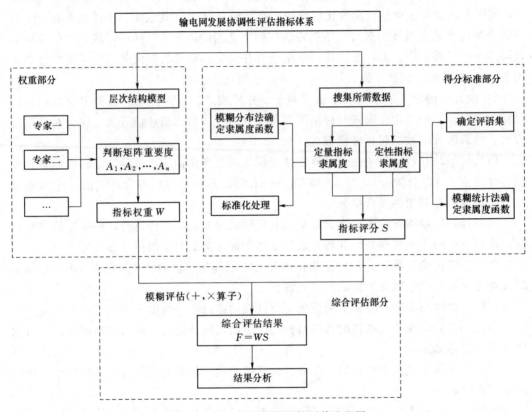

图 6.9 输电网发展协调性评估流程图

6.5 小 结

本章首先介绍了输电网发展协调性评估的原则及思路，明确了评估过程中的 3 个重要内容，指标权重的确定，指标的评估判据及评估标准、评估方法。并以此为主线，开展了基于 AHP 的输电网发展协调性指标权重研究、输电网发展协调性指标得分标准研究以及输电网发展协调性的评估方法研究。本章是本书的最核心内容，基于上一章的评估指标体系，给出了评估过程中的重要方法，为下一章输电网发展协调性评估实践奠定了理论基础。

第7章 某省现状及规划输电网发展协调性评估

7.1 某省电力系统现状

1. 发电情况

截至 2017 年年底，某省电源总装机容量为 8960 万 kW，其中：水电 6231 万 kW，火电 1667 万 kW，风电 824 万 kW，太阳能 238 万 kW，水电、火电和新能源分别占总装机容量的 70%、18%、12%。

2017 年全年累计完成发电量 2958 亿 kW·h，同比增长 9.87%。其中：水电发电量 2502 亿 kW·h，比上年同期增长 10.34%；火电发电量 240 亿 kW·h，比上年同期增长 −5.14%；风电发电量 188 亿 kW·h，比上年同期增长 26.37%；太阳能发电量 28 亿 kW·h，比上年同期增长 21.22%。

某省 2002—2017 年电源装机容量及发电量见表 7.1。

表 7.1　　　　　　　　某省 2002—2017 年电源装机容量及发电量

年　份	2002	2003	2004	2005	2006	2007	2008	2009
装机容量/万 kW	877	1010	1170	1330	1826	2221	2585	3169
发电量/(亿 kW·h)	427	475	544	624	753	904.5	1040	1174
年　份	2010	2011	2012	2013	2014	2015	2016	2017
装机容量/万 kW	3605	4047	4825	6015	7078	7915	8645	8960
发电量/(亿 kW·h)	1365	1555	1746	2148	2550	2553	2693	2958

2. 供用电情况

2017 年，某省全社会用电量 1538 亿 kW·h，同比增长 9.05%。全社会最大用电负荷按 6000h 的最大负荷利用小时计算约 2563 万 kW。

2017 年全年售电量 2212.5 亿 kW·h，同比增长 12.43%。省内售电量 1211.5 亿 kW·h，同比增长 10.47%。全省西电东送电量 1242.2 亿 kW·h，同比增长 12.88%。趸售省内国际公司电量 14.4 亿 kW·h，同比降低 17.00%。

3. 输电网现状

2017 年年底，某省有 500kV 变电站 29 座变电容量 4461 万 kVA，220kV 变电站 140 座变电容量 4641 万 kVA，110kV 变电站 478 座变电容量 3625.2 万 kVA。输电线路 500kV 12586km，220kV 15388km，110kV 23627km。截至 2017 年年底，该省西电东送通道能力为 2865 万 kW。

7.2　某省现状输电网发展协调性评估

7.2.1　输电网发展协调性评估边界条件

1. 输电网评估边界条件

考虑到某省地区与地区电网之间及同一地区内部各不同运行方式下指标评估结论的不一致性，用一个评估标准对不同情况下输电网发展协调性进行评估有失公平。因此，在结合输电网发展协调性分值对电网进行评估时，还应明确输电网发展协调性评估原则。

某电网运行共分 6 个典型方式 2 个校核方式，其运行方式及负荷情况见表 7.2。

表 7.2　　　　　　　　2017 年某电网运行方式及负荷情况　　　　　　单位：万 kW

序号	运行方式	时段	省内负荷	送出合计
1	丰大典型	6—10 月	2000	2460
2	丰小典型		1250	2018
3	丰小大外送（校核）		1250	2560
4	丰大极限（校核）		2563	2865
5	汛后枯大典型	11—12 月	2040	1800
6	汛后枯小典型		1200	1550
7	汛前枯大典型	1—5 月	1950	2060
8	汛前枯小典型		1150	1000

依据表 7.2，选择丰大极限情况作为参照，进行该省输电网发展协调性评估。

2. 定性指标和定量指标的评分边界条件

在搜集算例所需数据的基础上，将所搜集的现状输电网评估的 29 个二级指标分成定量指标和定性指标两类。其中：定量指标可结合 6.3.2 中模糊分布法给出的隶属度函数直接计算评分结果；定性指标需结合评语集，采用模糊统计法进行评分。下面重点介绍定性指标的评分计算过程。

（1）评语集确定。评语集的划分要适当，不宜过粗或过细，一般以 3～5 个为宜。设 $U=\{U_1, U_2, \cdots, U_n\}$ 为定性指标集合，给定定性指标的评语集为 $V=\{V_1, V_2, V_3\}=\{好，中，差\}$，构造现状输电网综合评估指标隶属度矩阵

$$\boldsymbol{R}=\begin{bmatrix} r_{11} & r_{12} & r_{13} \\ r_{21} & r_{22} & r_{23} \\ \vdots & \vdots & \vdots \\ r_{n1} & r_{n2} & r_{n3} \end{bmatrix} \qquad (7.1)$$

其中，r_{ij} 表示指标集 U 中的指标 U_i 对应评语集 V 中的评语 V_j（$j=1, 2, 3$）的程度，也即隶属度。r_{ij} 可根据本书 6.3.1 节中的隶属度计算方法确定。

（2）投票专家构成。此次输电网发展协调性评估专家组共由 10 位相关领域的专家构成，

分别为来自该省电网公司电网规划建设研究中心的 4 位专家、华北电力大学（保定）的 3 位专家和某电力技术咨询公司 3 位资深专家，同时为各定性指标的评语等级进行投票。

（3）标准满意度向量的确定。标准满意度向量，即评语集的数值化结果，依据已有评语集，定义其数值化结果为 $B=\{95、65、40\}$。

（4）定性指标的评分。根据评语集的数值化结果，按平均加权运算法则，计算定性指标的综合评分值 μ。即 $S=WR$，$\mu=BS^{\mathrm{T}}$。最终可以用综合评定值 μ 来描述定性评估定性指标对象的综合得分。

7.2.2 现状输电网发展协调性评估

1. 输电网与电源协调评估

（1）电源规模协调评估指标。

1）发电容量裕度。传统的以火电为主的能源结构区域，由于火电发电不受季节气候的影响，发电容量裕度中电源的可用容量可以用装机容量表示，但对于某省以水电为主的能源结构区域，存在丰期水电大发，枯期火电大发的情况，因此电源的可用容量不能直接以装机容量表示，即发电容量裕度指标不能单纯地以丰大极限情况计算，需进行丰期和枯期的电源发电可用容量对比计算。

丰期，省内水电出力按装机容量的 90% 计，风电、光伏发电按装机容量的 40% 计，火电出力按装机容量的 70% 计，扣除西电东送部分、扣除并入某省电厂部分后，用于本地电力平衡的可用发电容量为

$(6231-2865-320)\times 90\% + 1667\times 70\% + (824+238)\times 40\% = 4331.10(万\ kW)$

即丰期某省发电容量裕度

$$u_{发电容量裕度}=\frac{S-L_{\max}}{S}\times 100\% = \frac{4333.1-2563}{4333.1}\times 100\% = 40.85\%$$

根据表 6.25 中发电容量裕度指标标准化计算公式：

$$f(x)=123\times(1-40.95\%)=72.75$$

得到丰期某省发电容量裕度得分为 72.75 分。

枯期，某省水电出力按装机容量的 35% 计，风电、光伏发电按装机容量的 80% 计，火电出力按装机容量的 95% 计，则扣除西电东送部分及某省电厂部分后，用于本地电力平衡的可用发电容量为

$(6231-2865-320)\times 35\% + 1667\times 95\% + (824+238)\times 80\% = 3499.35(万\ kW)$

即枯期某省发电容量裕度

$$u_{发电容量裕度}=\frac{S-L_{\max}}{S}\times 100\% = (3499.35-2563)/(3499.35)\times 100\% = 26.76\%$$

根据表 6.25 中发电容量裕度指标标准化计算公式：

$$f(x)=123\times(1-26.76\%)=90.09$$

得到枯期某省发电容量裕度得分为 90.09 分。综合某省丰期和枯期电源发电容量裕度，得到全年平均发电容量裕度得分为 81.42 分。

2）变机比。2017 年某电网变机比为

$$变机比 = \frac{主变电容量总和}{电源装机容量总和} = \frac{4461}{5772} = 0.773$$

根据表 6.26 中变机比指标标准化计算公式：

$$f(x) = 66.7 \times 0.773 = 51.80$$

得到变机比指标得分为 51.80 分。

3）线机比。2017 年某电网线机比为

$$线机比 = \frac{输电线路长度}{电源装机规模} = \frac{1.2586 + 1.5388}{0.5772} = 4.874$$

根据表 6.26 中线机比指标标准化计算公式：

$$f(x) = 12 \times (10 - 4.874) = 61.80$$

得到线机比指标得分为 61.80 分。

变机比和线机比为评估输电网与电源协调性的通用性指标，但由于某省地貌广阔多变，用电负荷较分散，因此输电线路较常规合理范围势必要长，针对该情况，本书在权重设置中予以体现，即线机比的权重占比最小，可根据各地输电网建设实际情况，在评估体系中对各指标权重适当调整，以增加评估体系的适用性。

根据上述计算结果，得到电源规模协调评估指标的数值和得分（表 7.3）。

表 7.3 电源规模协调评估指标的数值和得分

主要评估指标		指标数值	指标得分
一级指标	二级指标		
电源规模协调	发电容量裕度	丰期：40.85%；枯期：26.76%	81.42
	变机比	0.773	51.80
	线机比	4.874	61.80

（2）电源结构协调评估指标。

1）调峰电源占比。某省水电资源丰富，风电、光电资源也较明显，且省内水电丰期为 5—10 月，而风电呈现 1—5 月、11—12 月出力较大，6—10 月出力较小的特点，恰好形成天然的"风水互补"。如能实现风电和水电资源结构上的平衡，则可极大地提高输电网设备利用率，降低火电的装机容量。

某省新一轮电力体制改革后电源结构及装机规模情况见表 7.4。

表 7.4 某省新一轮电力体制改革后电源结构及装机规模 单位：万 kW

项 目	2015 年	2016 年	2017 年
总装机容量	7927	8443	8960
水电装机容量	5774	6096	6231
其中：三江干流	3718	3958	4126
中小水电	2056	2138	2105
火电装机容量	1422	1459	1462
风电装机容量	614	737	824
光伏装机容量	117	208	238

某省 2015—2017 年电源结构中各种类电源占比见表 7.5。

表 7.5　　　　　　　某省 2015—2017 年电源结构中各种类电源占比

项目	2015 年	2016 年	2017 年
水电占比	73%	72%	70%
火电占比	18%	17%	18%
新能源占比	9%	11%	12%

由表 7.5 可知，新一轮电力体制改革后某省风电、光伏的电源结构占比呈上升趋势，火电占比呈下降趋势，水电占比变化不大，但总体上水电资源除去外送部分后，某省总体电源结构尚不能形成一定规模的"风水互补"局面，如何促进清洁能源消纳是该省电力建设的重要目标之一。

在全省发电装机中，具有明显随机性、反调峰特性的风电、光伏发电装机共计 928 万 kW，占比 11%，且仍在快速增长。在全省水电装机中，具有年及以上调节性能水电占比不到 30%，水电可发电量的 60%~70% 集中在 6—10 月。

2013 年以来新增发电容量 2006 万 kW，且基本都没有调节能力。以 2016 年为例，拥有两个多年调节水库的某流域丰枯发电能力比例为 48∶52，无龙头水库的某流域丰枯发电能力比例为 73∶27，电网总体调节能力持续下降。

因此，总体来看，某省电源种类及比例间的互补平衡度较差，同时具有调峰能力的电源结构占比较低，电源的整体调节能力较差。

调峰电源占比指标为定性指标，采用模糊统计法，选取 10 位专家，根据给定评语集 $V=\{V_1, V_2, V_3\}=\{好, 中, 差\}=\{95, 65, 40\}$ 3 个评语等级，分别对调峰电源占比进行评估。对所有专家的评估结果进行统计，得到 10 个专家中认为指标隶属于评语集 V_j 的专家个数 m_j，并将 m_j 与专家总人数相除，计算调峰电源占比指标对应的隶属度为

$$R_{调峰电源占比}=[0.1 \quad 0.4 \quad 0.5]$$

指标得分为

$$F_{调峰电源占比}=R_{调峰电源占比} \cdot V^T=[0.1 \quad 0.4 \quad 0.5] \cdot [95 \quad 65 \quad 40]^T=55.50(分)$$

2）清洁能源接入容量占比。清洁能源接入容量占比指该区域清洁能源接入容量占全部等效电源装机容量的比例，反映的是电网建设发展过程中清洁能源的接纳程度。

2017 年某省清洁能源总装机容量占比＝水电＋风电及光伏＝70%＋12%＝82%。

根据表 6.27 中清洁能源接入容量占比指标标准化计算公式：

$$f(x)=100x=82.00$$

得到指标得分为 82.00 分。

3）送出（外来）电占比。截至 2017 年年底，西电东送通道能力约为 2865 万 kW，其中直流通道送电能力为 2810 万 kW，占全部等效电源装机容量的 31.99%。

2017 年，某省全年累计完成发电量 2958 亿 kW·h，西电东送电量 1242.2 亿 kW·h，弃水电量约为 300 亿 kW·h。2017 年某省全社会用电量 1538 亿 kW·h，即 2017 年某省弃水量超过全年累计发电量的 10%，约占全省全社会用电量的 20%，可见形势依然

不容乐观,仍需进一步加强外送通道建设,采取有力措施来缓解弃水问题。

计算送出(外来)电占比指标对应的隶属度为

$$R_{送出(外来)电占比}=\begin{bmatrix} 0 & 0.2 & 0.8 \end{bmatrix}$$

指标得分为

$$F_{送出(外来)电占比}=R_{送出(外来)电占比} \cdot V^{\mathrm{T}}=\begin{bmatrix} 0 & 0.2 & 0.8 \end{bmatrix} \cdot \begin{bmatrix} 95 & 65 & 40 \end{bmatrix}^{\mathrm{T}}=45.00(分)$$

根据上述计算结果,得到电源结构协调评估指标的数值和得分见表 7.6。

表 7.6　　　　　　电源结构协调评估指标的数值和得分

主要评估指标		指标数值	指标得分
一级指标	二级指标		
电源结构协调	调峰电源占比	$\begin{bmatrix} 0.1 & 0.4 & 0.5 \end{bmatrix}$	55.50
	清洁能源接入容量占比	82%	82.00
	送出(外来)电占比	$\begin{bmatrix} 0 & 0.2 & 0.8 \end{bmatrix}$	45.00

(3) 电力市场建设协调评估指标。

1) 供需均衡指数。2017 年某省供本地负荷的装机容量约为 5772 万 kW,全社会最大用电负荷按 6000h 的最大负荷利用小时计算约 2563 万 kW,备用取 14%(负荷备用为 3%,事故备用为 10%,检修备用为 1%),则供需均衡指数为

$$\Gamma_i=\frac{G_i(1-\lambda)}{D_i}=\frac{5772\times(1-14\%)}{2563}=1.96$$

根据表 6.30 中供需均衡指数标准化计算公式

$$f(x)=55.6\times(3-1.96)=57.80$$

得到指标得分为 57.80 分。

2) 发电侧市场力水平。截至 2017 年 6 月底,某省电力市场化交易中,市场主体数量达 6402 家,较上年末增加 1029 家。其中:电厂 373 家,用户 5932 家,售电公司 97 家。上半年省内市场化交易电量 401 亿 kW·h,同比增长 24%,交易电量连续 4 年保持两位数以上增速。

在发电侧,以 2004 年以后某省投产、220kV 及以上电压等级并网的水电厂为分析对象,某省电厂公司装机容量占比高达 43.67%,五大发电集团的市场集中度指数 HHI 为 2588,大于 1800,表明行业出现垄断性;HHI 值为 1800~3000,属于高寡占 I 型。由此可以看出,即使在发电侧准入范围大幅度扩大的情况下,五大发电集团,特别是某省电厂公司可以在发电侧通过行使市场力形成明显垄断。

因此,某省电力市场中,发电侧有较大的市场集中度指数,发电侧可能通过某种策略在市场竞争中行使市场力,如通过数据持留(物理持留)或提高要价(经济持留)操作市场价格。采用模糊统计法对该指标进行评估,隶属度矩阵为

$$R_{发电侧市场力水平}=\begin{bmatrix} 0.2 & 0.4 & 0.4 \end{bmatrix}$$

指标得分为

$$F_{发电侧市场力水平}=R_{发电侧市场力水平} \cdot V^{\mathrm{T}}=\begin{bmatrix} 0.2 & 0.4 & 0.4 \end{bmatrix} \cdot \begin{bmatrix} 95 & 65 & 40 \end{bmatrix}^{\mathrm{T}}=63.00(分)$$

根据上述计算结果,得到电力市场建设协调评估指标的数值和得分见表 7.7。

表 7.7   电力市场建设协调评估指标的数值和得分

主要评估指标		指标数值	指标得分
一级指标	二级指标		
电力市场建设协调	供需均衡指数	1.96	57.80
	发电侧市场力水平	[0.2 0.4 0.4]	63.00

综上所述，某省输电网与电源协调评估指标的数值和得分见表 7.8。

表 7.8   输电网与电源协调评估指标的数值和得分

评估子目标	主要评估指标		指标数值	指标得分
	一级指标	二级指标		
输电网与电源协调	电源规模协调	发电容量裕度	丰期：40.85%；枯期：26.76%	81.42
		变机比	0.773	51.80
		线机比	4.874	61.80
	电源结构协调	调峰电源占比	[0.1 0.4 0.5]	55.50
		清洁能源接入容量占比	82%	82.00
		送出（外来）电占比	[0 0.2 0.8]	45.00
	电力市场建设协调	供需均衡指数	1.96	57.80
		发电侧市场力水平	[0.2 0.4 0.4]	63.00

2. 某省输电网与负荷协调评估

（1）负荷发展协调评估指标。输电网与负荷发展协调性主要采取的是容载比指标。2017 年某省电网 500kV 电网容载比为

$$R = \frac{\sum S}{P_{max}} = 3.05$$

根据表 6.32 中 500kV 容载比标准化函数计算公式：

$$f(x) = 38.5 \times (4.2 - 3.05) = 44.23$$

得到 500kV 容载比指标得分为 44.23 分。

2017 年某省电网 220kV 电网容载比为

$$R = \frac{\sum S}{P_{max}} = 3.14$$

根据表 6.33 中 220kV 容载比标准化函数计算公式：

$$f(x) = 43.5 \times (4.2 - 3.14) = 46.09$$

得到 220kV 容载比指标得分为 46.09 分。

值得注意的是，容载比分为 500kV 和 220kV 两个电压等级，可先分别依据容载比梯形化处理函数将实际值转变为百分制标准值，最后分别乘以 500kV 和 220kV 变电容量的比重，整合为最终综合容载比标准化值。

2017 年某省电网 500kV 变电站变电容量总计 4575 万 kVA，220kV 变电站变电容量总计为 4951.3 万 kVA，则 2017 年某省输电网容载比指标最终得分为

$$\frac{45750}{45750+4951.3}\times44.23+\frac{49513}{45750+49513}\times46.09=45.20(\text{分})$$

根据上述计算结果，得到负荷发展协调评估指标的数值和得分见表 7.9。

表 7.9　　　　　　　　　　负荷发展协调评估指标的数值和得分

主要评估指标		指标数值	指标得分
一级指标	二级指标		
负荷发展协调	容载比	500kV：3.05；220kV：3.14	45.20

（2）负载均衡度协调评估指标。

1）变电站站间负载均衡度。2017 年某省电网 29 座 500kV 变电站最大负载率箱线图如图 7.1 所示。

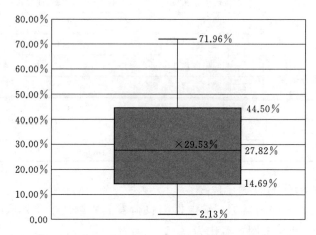

图 7.1　2017 年某省电网 500kV 变电站最大负载率箱线图

求得某省电网 500kV 变电站站间负载均衡程度为

$$\alpha_{T\max}=R_{T\max}-R_{T\min}=\max_i\left[\frac{\sum\limits_{j=1}^{N_i}L_{dij}}{\sum\limits_{j=1}^{N_i}p_{ij}}\times100\%\right]-\min_i\left[\frac{\sum\limits_{j=1}^{N_i}L_{dij}}{\sum\limits_{j=1}^{N_i}p_{ij}}\times100\%\right]=69.83\%$$

根据表 6.33 中站间负载均衡度标准化函数计算公式：

$$f(x)=100\times(1-69.83\%)=30.17$$

得到 500kV 站间负载均衡度得分为 30.17 分。

同理可得 2017 年某省电网 220kV 变电站最大负载率箱线图如图 7.2 所示。

求得某省电网 220kV 变电站站间负载均衡程度为

$$\alpha_{T\max}=R_{T\max}-R_{T\min}=\max_i\left[\frac{\sum\limits_{j=1}^{N_i}L_{dij}}{\sum\limits_{j=1}^{N_i}p_{ij}}\times100\%\right]-\min_i\left[\frac{\sum\limits_{j=1}^{N_i}L_{dij}}{\sum\limits_{j=1}^{N_i}p_{ij}}\times100\%\right]$$

$$=73.80\%-0.72\%=73.08\%$$

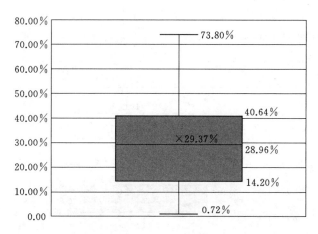

图 7.2　2017 年某省电网 220kV 变电站最大负载率箱线图

根据表 6.33 中站间负载均衡度标准化函数计算公式：

$$f(x)=100\times(1-73.08\%)=26.92$$

得到 220kV 站间负载均衡度得分为 26.92 分。

则 2017 年某省输电网站间负载均衡度指标最终得分为

$$\frac{45750}{45750+49513}\times30.17+\frac{49513}{45750+49513}\times26.92=28.11（分）$$

2）出线负载均衡度。2017 年某省电网共有 500kV 输电线路 187 条，220kV 输电线路 478 条，其中，500kV 各输电线路最大负载率箱线图如图 7.3 所示。

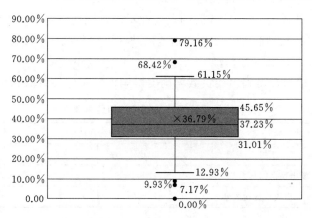

图 7.3　2017 年某省电网 500kV 输电线路最大负载率箱线图

则求得某省电网 500kV 输电线路出线负载均衡程度为

$$\alpha_{L\max}=R_{L\max}-R_{L\min}=\max_{i}\left(\frac{L_{di}}{p_i}\times100\%\right)-\min_{i}\left(\frac{L_{di}}{p_i}\times100\%\right)$$
$$=61.15\%-12.93\%=48.22\%$$

根据表 6.34 中出线负载均衡度标准化函数计算公式：

$$f(x)=100\times(1-48.22\%)=51.78$$

得到 500kV 输电线路出线负载均衡度得分为 51.78 分。

2017 年某省电网 220kV 输电线路最大负载率箱线图如图 7.4 所示。

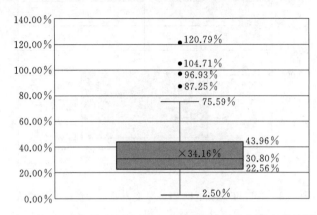

图 7.4　2017 年某省电网 220kV 输电线路最大负载率箱线图

求得某省电网 220kV 输电线路出线负载均衡程度为

$$\alpha_{L\max} = R_{L\max} - R_{L\min} = \max_i\left(\frac{L_{di}}{p_i} \times 100\%\right) - \min_i\left(\frac{L_{di}}{p_i} \times 100\%\right)$$
$$= 75.59\% - 2.50\% = 73.09\%$$

根据表 6.34 中出线负载均衡度标准化函数计算公式：
$$f(x) = 100 \times (1 - 73.09\%) = 26.91$$

得到 220kV 输电线路出线负载均衡度得分为 26.91 分。

考虑到 500kV 线路与 220kV 线路的重要性不同，因此设定 500kV 与 220kV 线路重要度权重为 0.6 和 0.4，则 2017 年某省输电网站间出线负载均衡度指标最终得分为
$$0.6 \times 51.78 + 0.4 \times 26.91 = 41.83（分）$$

根据上述计算结果，得到出线负载均衡度协调评估指标的数值和得分（表 7.10）。

表 7.10　　　　　　　　　　负载均衡度协调评估指标的数值和得分

主要评估指标		指标数值		指标得分
一级指标	二级指标	500kV	220kV	
负载均衡度协调	变电站站间负载均衡度	71.96%	73.80%	28.11
	出线负载均衡度	48.22%	73.09%	41.83

（3）负荷分布协调评估指标。

1）变电站平均利用率。2017 年某省电网 500kV 变电站重载 1 座，重载占比为 3.57%，轻载 18 座，轻载占比 64.29%，轻载、重载之间的变电站 10 座，占比为 32.14%。则 500kV 变电站平均利用率为
$$0.95 \times 3.57\% + 0.95 \times 64.29\% + 0.4 \times 32.14\% = 77.32\%$$

根据表 6.35 中变电站平均利用率标准化函数计算公式：
$$f(x) = 100 \times 77.32\% = 77.32$$

得到某省电网 500kV 变电站平均利用率得分为 77.32 分。

2017 年某省电网 220kV 变电站重载 1 座，重载占比 0.72％，轻载 84 座，轻载占比 60.43％，轻载、重载之间的变电站 54 座，占比 38.85％。则变电站平均利用率为

$$0.95 \times 0.72\% + 0.95 \times 60.43\% + 0.4 \times 38.85\% = 73.63\%$$

根据表 6.35 中变电站平均利用率标准化函数计算公式：

$$f(x) = 100 \times 73.63\% = 73.63$$

得到某省 220kV 变电站平均利用率得分为 73.63 分。

设 500kV 变电站和 220kV 变电站权重均为 0.5，则 2017 年某省电网 220kV 及 500kV 的变电站平均利用率综合得分为 $0.5 \times 77.32 + 0.5 \times 73.63 = 75.48$ 分。

2）线路平均利用率。2017 年某省 129 条 500kV 输电线路中，无重载线路，轻载线路 27 条，轻载线路占比 20.93％，轻载、重载之间的线路 102 条，占比为 79.07％。则 500kV 输电线路平均利用率为

$$0.95 \times 0 + 0.95 \times 79.07\% + 0.4 \times 20.93\% = 83.49\%$$

根据表 6.36 中输电线路平均利用率标准化函数计算公式：

$$f(x) = 100 \times 83.49\% = 83.49$$

得到某省电网 500kV 输电线路平均利用率得分为 83.49 分。

2017 年某省电网 428 条 220kV 输电线路中，重载线路 6 条，重载线路占比 1.4％，轻载线路 248 条，轻载线路占比 57.94％，轻载、重载之间的输电线路 174 条，占比 40.65％。则变电站平均利用率为

$$0.95 \times 1.4\% + 0.95 \times 40.65\% + 0.4 \times 57.94\% = 63.12\%$$

根据表 6.36 中输电线路平均利用率标准化函数计算公式：

$$f(x) = 100 \times 63.12\% = 63.12$$

得到某省电网 220kV 输电线路平均利用率得分为 63.12 分。

设 500kV 输电线路和 220kV 输电线路权重均为 0.5，则 2017 年某省电网 220kV 及 500kV 的输电线路平均利用率综合得分为 $0.5 \times 83.49 + 0.5 \times 63.12 = 73.31$ 分。

根据上述计算结果，得到负荷分布协调评估指标的数值和得分见表 7.11。

表 7.11　　　　　　　　负荷分布协调评估指标的数值和得分

主要评估指标		指标数值	指标得分
一级指标	二级指标		
负荷分布协调	变电站平均利用率	500kV：77.32％；220kV：73.63％	75.48
	线路平均利用率	500kV：83.49％；220kV：63.12％	73.31

综上所述，某省输电网与负荷的协调评估指标得分见表 7.12。

3. 某省输电网与经营环境协调评估

（1）城市经济发展协调评估指标。

1）电力消费弹性系数。某省 2010—2016 年的电力消费量（万 kW·h）、地区生产总值（GDP，亿元）以及逐年电力消费弹性系数如图 7.5 所示。

表7.12　　　　　　　　　输电网与负荷协调评估指标的数值和得分

评估子目标	主要评估指标		指标数值	指标得分
	一级指标	二级指标		
输电网与负荷协调	负荷发展协调	容载比	500kV：3.05；220kV：3.14	45.20
	负载均衡度协调	变电站站间负载均衡度	500kV：71.96%；220kV：73.80%	28.11
		出线负载均衡度	500kV：48.22%；220kV：73.09%	41.83
	电网与负荷分布协调	变电站平均利用率	500kV：77.32%；220kV：73.63%	75.48
		线路平均利用率	500kV：83.49%；220kV：63.12%	73.31

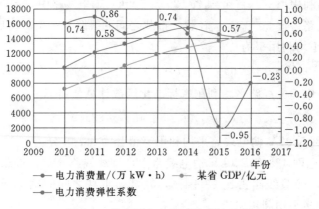

图7.5　某省逐年电力消费弹性系数

由图7.5可以看出，2010—2014年，某省电力消费量逐年上升，2015年、2016年分别出现了少量下降。电力消费的变化主要受经济结构性变化和实际需求的驱动，这种变化和某省经济转轨到以市场经济为基础调节机制是相适应的，反映了市场经济条件下的电力供需变化。

2010—2016年，某省地区经济发展势头较好，某省地区GDP呈持续上升趋势。

2010—2014年，某省电力消费弹性系数有小幅度波动，平均值为0.7，2015年和2016年出现负值，主要是由于近期经济结构调整，而电力消费同期小幅下降出现了电力供应相对富裕的情况。

世界各国的电力发展历史表明，处在工业化加速阶段的国家和地区，电力消费增长率超过经济增长率是比较普遍的现象，某省今后的电力消费弹性系数需要保持较高水平，因此某省应大力发展第二、三产业，采取电能替代或其他方式，刺激电力消费，提升整体电力消费弹性系数水平。

该指标为定性指标，采用定性指标评估方法进行评估。指标对应的隶属度为

$$R_{电力消费弹性系数} = [0.3 \quad 0.5 \quad 0.2]$$

指标得分为

$$F_{电力消费弹性系数} = R_{电力消费弹性系数} \cdot V^T = [0.1 \quad 0.3 \quad 0.6] \cdot [95 \quad 65 \quad 40]^T = 53.00（分）$$

2）单位GDP电耗。某省2013—2017年全社会用电量、地区生产总值以及单位GDP电耗情况如图7.6所示。

图 7.6　某省 2013—2017 年全社会用电量、地区生产
总值以及单位 GDP 电耗

2013—2017 年，某省全社会用电量在 2015 年和 2016 年出现了小幅度下降，2017 年有所提升，与电力消费水平变化趋势一致；2013—2017 年，某省地区经济发展势头较好，某省地区 GDP 呈持续上升趋势；整体上来看，某省地区 GDP 增速明显快于全社会用电量。

由此可得，2013—2017 年间，某省地区单位 GDP 电耗呈持续下降趋势。这是由于某省地区整体经济结构中第三产业结构用电持续上升，既是节约型社会发展的体现，也是节能环保要求的结果。

该指标为定性指标，采用定性指标评估方法进行评估。指标对应的隶属度为

$$R_{单位GDP电耗} = [0.6 \quad 0.3 \quad 0.1]$$

指标得分为

$$F_{单位GDP电耗} = R_{单位GDP电耗} \cdot V^{T} = [0.6 \quad 0.3 \quad 0.1] \cdot [95 \quad 65 \quad 40]^{T} = 80.50(分)$$

3）交易电价平均水平。2017 年某省市场电价走势与供需形势的变化趋势基本保持一致，在 2017 年供需矛盾比 2016 年更加突出的情况下，省内市场售方平均成交价 0.17980 元/（kW·h），较 2016 年的 0.16823 元/（kW·h）提高 0.011 元，市场运营平稳有序，市场价格未出现大幅波动。其中：主汛期 6—10 月，售方平均成交价维持在最低限价附近，较 2016 年同期每千瓦时提高 0.011～0.033 元；枯平期的 1—5 月和 11—12 月，售方平均成交价基本维持在 0.186～0.223 元/（kW·h），整体处于合理区间。

该指标为定性指标，采用定性指标评估方法进行评估。指标对应的隶属度为

$$R_{交易电价平均水平} = [0.6 \quad 0.3 \quad 0.1]$$

指标得分为

$$F_{交易电价平均水平} = R_{交易电价平均水平} \cdot V^{T} = [0.6 \quad 0.3 \quad 0.1] \cdot [95 \quad 65 \quad 40]^{T} = 80.50(分)$$

根据上述计算结果，得到城市经济发展协调评估指标的数值和得分见表 7.13。

（2）城市土地及环境协调评估指标。

1）输电线路走廊宽度合理度。某省 134 条 500kV 输电线路、428 条 220kV 输电线路走廊宽度均符合设计要求，因此该指标全部达标，即输电线路走廊宽度合理度指标得分为 100 分。

表 7.13　　　　　　　　城市经济发展协调评估指标的数值和得分

主要评估指标		指标数据	指标得分
一级指标	二级指标		
城市经济发展协调	电力消费弹性系数	[0.1　0.3　0.6]	53.00
	单位 GDP 电耗	[0.6　0.3　0.1]	80.50
	交易电价平均水平	[0.6　0.3　0.1]	80.50

2）多回路同塔占比。2017 年某省 86 回 500kV 输电线路中，共分同塔双回和单塔单回两种模式，其中：同塔双回线路数为 68 回，占比为 79.07%；单塔单回路数 18 回，占比为 20.93%。500kV 输电线路占用城市资源情况较好，根据多回路同塔占比标准化函数计算公式：

$$f(x)=100\times79.07\%=79.07$$

500kV 多回路同塔占比得分为 79.07 分。

截至 2017 年，某省 220kV 输电线路共 398 回，共分同塔双回、同塔三回、同塔四回和单塔单回 4 种模式，其中同塔双回线路数为 238 回，占比为 59.80%；同塔三回线路数为 27 回，占比为 6.78%；同塔四回线路数为 4 回，占比为 1.01%；单塔单回路数 129 回，占比为 32.21%。即 220kV 输电线路中，同塔多回线路占比为 67.79%，占用城市资源情况较好，根据多回路同塔占比标准化函数计算公式：

$$f(x)=100\times67.79\%=67.79$$

220kV 多回路同塔占比得分为 67.79 分。

采用加权平均方法计算某省 220kV 及 500kV 输电线路多回路同塔占比指标得分为

$$0.5\times79.07+0.5\times67.79=73.43(分)$$

3）出线回路数。某省共有 500kV 变电站 29 座（此处含草铺扩计为 30 座），变电容量分为 100 万 kVA×2、75 万 kVA ×1、75 万 kVA ×2、75 万 kVA ×3 四种形式，具体变电站容量及出线回数见表 7.14。

表 7.14　　　　　　　　某省 500kV 变电站容量及出线回数

主变构成	总容量/万 kVA	座数	500kV 出线	220kV 出线
100 万 kVA ×2	200	6	8 回以下：21 座；8～10 回：9 座	12 回以下：25 座；12～14 回：4 座；14 回以上：1 座
75 万 kVA ×1	75	7		
75 万 kVA ×2	150	13		
75 万 kVA ×3	225	4		

500kV 变电站中，单台变电容量分别为 75 万 kVA 和 100 万 kVA 两种规格，其中：单台 75 万 kVA 主变的变电站有 7 座，占比 23.33%；75 万 kVA ×2 的变电站为 13 座，占比 43.33%；75 万 kVA ×3 的变电站 4 座，占比 13.33%；100 万 kVA ×2 的变电站为 6 座，占比 20%。

依据某省电网公司 110～500kV 变电站标准设计要求，500kV 变压器容量为 75 万～100 万 kVA，最终规模为 3 台、4 台、6 台主变压器；结合某省变电站主变情况，单台主变的容量均符合设计要求，其中占比最大的为 75 万 kVA ×2 规格，总体来说，

500kV 变电站容量扩建空间较大。

30 座 500kV 变电站的 500kV 出线中，已建成 8 回以下出线的变电站有 21 座，占比为 70%；已建成 8～10 回出线的变电站有 9 座，占比为 30%；220kV 出线中，已建成 12 回以下出线的变电站有 25 座，占比 83.33%，已建成 12～14 回出线的变电站有 4 座，占比 13.33%，已建成 14 回出线以上的变电站有 1 座，为七甸变，占比为 3.33%。

依据某省电网企业 110～500kV 变电站标准设计要求，500kV 站的 500kV 出线规模为 8 回/10 回、220kV 出线规模为 12 回/14 回/16 回/18 回；500kV 出线达到设计要求的变电站仅占 6.67%，220kV 出线达到设计要求的仅占 16.67%，即出线的间隔利用率较低。

某省 220kV 变电站共有 140 座，变电站容量及出线回数见表 7.15。

表 7.15　　　　　　　　　某省 220kV 变电站容量及出线回数

序号	主 变 构 成	总容量/万 kVA	座数	220kV 出线回数
1	12 万 kVA×2	24	9	
2	12 万 kVA×2＋18 万 kVA×1	42	1	
3	12 万 kVA×1＋15 万 kVA×1	27	5	
4	12 万 kVA×1＋18 万 kVA×1	30	4	
5	15 万 kVA×1	15	2	
6	15 万 kVA×2	30	11	
7	15 万 kVA×2＋18 万 kVA×1	48	1	
8	15 万 kVA×2＋18 万 kVA×2	66	1	6 回以下：107 座；
9	15 万 kVA×1＋18 万 kVA×1	33	4	6～8 回：27 座；
10	18 万 kVA×1	18	8	8～12 回：6 座
11	18 万 kVA×2	36	77	
12	18 万 kVA×3	54	10	
13	18 万 kVA×2＋24 万 kVA×1	60	2	
14	24 万 kVA×2	48	3	
15	37 万 kVA×2＋4.5 万 kVA×2	83	1	
16	5 万 kVA×1＋6.3 万 kVA×1	11.3	1	
17	9 万 kVA×2	18	1	

截至 2017 年，某省 140 座 220kV 变电站中，单台变电容量型号有 4.5 万 kVA、5 万 kVA、6.3 万 kVA、9 万 kVA、12 万 kVA、15 万 kVA、18 万 kVA、24 万 kVA、37 万 kVA 9 种，其中单台主变的变电站为 10 座，占比为 7.14%；2 台主变的变电站为 115 座，占比为 82.14%；3 台主变的变电站为 14 座，占比为 10%；4 台主变的变电站仅 2 座，占比为 1.43%。

某省 140 座 220kV 变电站中，出线在 6 回以下的有 107 座，占比为 76.43%；出线在 6～8 回的有 27 座，占比为 19.29%；出线在 8～12 回的有 6 座，占比为 4.29%。依据南方电网公司 110～500kV 变电站标准设计要求，220kV 变电站建设规模为：主变 3

台/4台，容量18/24万kVA；220kV出线：6回/8回/12回。即某省220kV变电站中，出线在6回及以上的，共计33座，占比为23.57%，出线间隔利用情况较差。

综上分析，可知某省500kV变电站500kV出线达到设计要求的变电站仅占6.67%，220kV出线达到设计要求的仅占16.67%；220kV变电站出线达到设计要求的占比为23.57%，总体间隔利用情况偏低。采用定性指标评估方法对出线回路数进行评估，指标对应的隶属度为

$$R_{出线回路数} = [0.2 \quad 0.5 \quad 0.3]$$

指标得分为

$$F_{出线回路数} = R_{出线回路数} \cdot V^{T} = [0.2 \quad 0.5 \quad 0.3] \cdot [95 \quad 65 \quad 40]^{T} = 63.50(分)$$

根据上述计算结果，得到城市土地及环境协调评估指标的数值和得分见表7.16。

表7.16　　　　　　　城市土地及环境协调评估指标的数值和得分

主要评估指标		指标数值	指标得分
一级指标	二级指标		
城市土地及环境协调	输电线路走廊宽度合理度	220kV：达标；500kV：达标	100
	多回路同塔占比	220kV：79.07%；500kV：67.79%	73.43
	出线回路数	[0.2　0.5　0.3]	63.50

（3）城市智能化水平协调评估指标。

1）智能变电站占比。截至2017年年底，某省电网建有220kV及以上变电站169座，其中：智能站约为20座、综自站约为165座，远动覆盖率为99.71%。

$$智能变电站占比 = \frac{智能变电站座数}{变电站总座数} \times 100\% = 20/169 \times 100\% = 12\%$$

根据智能变电站占比标准化函数计算公式：

$$f(x) = 60.00$$

某省智能变电站占比得分为60.00分。

2）变电站综合自动化率。2017年某省综自站占比为

$$变电站综合自动化率 = \frac{综合自动化变电站座数}{变电站总座数} \times 100\% = 165/169 \times 100\% = 96\%$$

根据智能变电站占比标准化函数计算公式：

$$f(x) = 100 \times 96\% = 96.00$$

某省综自站占比得分为96.00分。

根据上述计算结果，得到城市智能化水平协调评估指标的数值和得分见表7.17。

表7.17　　　　　　　城市智能化水平协调评估指标的数值和得分

主要评估指标		指标数值	指标得分
一级指标	二级指标		
城市智能化水平协调	智能变电站占比	12%	60.00
	变电站综合自动化率	96%	96.00

综上所述，输电网与经营环境协调评估指标的数值和得分见表 7.18。

表 7.18 某省输电网与经营环境协调评估指标的数值和得分

评估子目标	主要评估指标		指 标 数 值	指标得分
	一级指标	二级指标		
输电网与经营环境协调	城市经济发展协调	电力消费弹性系数	[0.3　0.5　0.2]	73.00
		单位 GDP 电耗	[0.5　0.3　0.2]	79.00
		交易电价平均水平	[0.5　0.3　0.2]	79.00
	城市土地及环境协调	输电线路走廊宽度	220kV：达标；500kV：达标	100
		多回路同塔占比	220kV：79.07%；500kV：67.79%	73.43
		出线回路数	[0.2　0.5　0.3]	63.50
	城市智能化水平协调	智能变电站占比	12%	60.00
		变电站综合自动化率	96%	96.00

4. 某省输电网内部协调评估

（1）安全性协调评估指标。

1）电网运行风险。2017 年某省 500kV 电网安全情况良好，未发生事故；220kV 电网中，发生的一般及以上电力安全事故共计 28 项，其中：重大事故 4 项、较大事故 18 项、一般事故 6 项，见表 7.19。

表 7.19 2017 年某省 220kV 及以上输电网发生的安全事故情况

电压等级	事故等级	故 障 类 型	事故数量	事故总计
500kV 电网				
220kV 电网	一般事故	同塔线路跳闸	4	6
		任一主变跳闸	1	
		任一回交流线路跳闸	1	
	较大事故	任一回交流线路跳闸	1	18
		任一段母线跳闸	2	
		同塔线路跳闸	3	
		一段母线检修时另一段母线跳闸	6	
		一台主变检修时另一台主变跳闸	3	
		平行双回线一回检修时另一回跳闸	3	
	重大事故	同塔线路跳闸	2	4
		一段母线检修时另一段母线跳闸	2	

220kV 电网 4 项重大事故分别为 2 项同塔线路跳闸故障和 2 项一段母线检修时另一段母线跳闸故障，下面针对这两种故障类型分别计算其事故风险值。

对于同塔线路跳闸故障，依据附录 B，后果的严重程度为严重，分值计为 50 分；暴露程度为偶尔（从每月 1 次到每年 1 次），分值计为 2 分；可能性程度为可能发生重合闸失败等情况，分值计为 3 分，依据式 (5.20)，则事故风险值为：后果×暴露×可能性，得分为 300 分。

对于一段母线检修时另一段母线跳闸故障，依据附录 B，后果的严重程度为严重，分值计为 50 分；暴露程度为很少（曾经发生过），分值计为 1 分；可能性程度为可能发生下一电压等级备自投失败等情况，分值计为 3 分，依据式 (5.20)，则事故风险得分为 150 分。

同理可得，220kV 电网所有事故风险值见表 7.20。

表 7.20　　　　　　　　　　　220kV 电网所有事故风险值

事故等级	故障类型	事故数量	风险值/分	风险等级
一般事故	同塔线路跳闸	4	90	中风险
	任一主变跳闸	1	90	中风险
	任一回交流线路跳闸	1	90	中风险
较大事故	任一回交流线路跳闸	1	75	中风险
	任一段母线跳闸	2	300	高风险
	同塔线路跳闸	3	150	中风险
	一段母线检修时另一段母线跳闸	6	75	中风险
	一台主变检修时另一台主变跳闸	3	75	中风险
	平行双回线一回检修时另一回跳闸	3	75	中风险
重大事故	同塔线路跳闸	2	300	高风险
	一段母线检修时另一段母线跳闸	2	150	中风险

总体来说，220kV 电网安全事故中，风险值在 70~200 分之间的事故有 24 项，占比为 85.71%，属于中风险，需要纠正；风险值在 200~400 分之间的事故有 4 项，占比为 14.29%，属于高风险，需尽快采取措施纠正。由于某省 500kV 电网无安全事故，且 220kV 中主要为中风险事故，即某省输电网存在一定的运行风险，但整体抵御风险能力较好。

采用定性指标评估方法对电网运行风险应对能力进行评估，则对应的隶属度为

$$R_{电网风险度}=[0.7 \quad 0.3 \quad 0]$$

指标得分为

$$F_{电网风险度}=R_{电网风险度} \cdot V^{\mathrm{T}}=[0.7 \quad 0.3 \quad 0] \cdot [95 \quad 65 \quad 40]^{\mathrm{T}}=86.00(分)$$

2）静态电压安全性。某省电网电源充足，大量水电分布在西部地区，主要供电负荷集中在中、东部地区，西部电网不存在电压稳定性问题，电源相对较少的供电负荷集中地区电压稳定性裕度相对较小。因此计算以中部、东部地区为对象，求取某省电网电压稳定性最弱的地区的电压稳定性指标，以评估某省电网在电压稳定性是否存在问题。

通过计算和分析，2017 年夏大、冬大方式下主要 "N-1" / "N-2" 的区域有功功率裕度最大、最小值、平均值见表 7.2 和表 7.22。

表 7.21　　　　　　　　　　　夏大电压静稳计算统计表

方式	故障前	最大值	最小值	平均值
K_p	38%	39.5%	29%	36.83%

表 7.22 冬大电压静稳计算统计表

方式	故障前	最大值	最小值	平均值
K_p	25.01%	27.01%	22.01%	23.98%

2017 年夏大、冬大方式下某地区静态电压安全评估分析表明：各种情形下的裕度均较高，满足导则要求，因此该指标得分为 100 分。

3) 动态稳定性。动态稳定性反映了电网受到扰动之后的功角、频率、电压稳定性，因此选用电网内部地区震荡模式下扰动发生后的阻尼比来考察系统的动态稳定性。

2017 年某省电网内部的地区性振荡模式主要集中在部分市（州），在丰大极限方式下，在严格控制地区电网相关线路潮流和机组 PSS 按要求投入的前提下，2017 年某省电网内部地区性振荡模式的阻尼比均大于 4.5%，满足电网动态稳定性标准，因此该指标得分为 100 分。

综上所述，安全性协调评估指标的数值和得分见表 7.23。

表 7.23 安全性协调评估指标的数值和得分

主要评估指标		指标数值	指标得分
一级指标	二级指标		
安全性协调	电网运行风险	[0.7　0.3　0]	86.00
	静态电压安全性	均达标	100
	动态稳定性	均达标	100

(2) 网架结构协调评估指标。

1) "N−1" 通过率。2017 年，某省电网有 500kV 变电站 29 座；500kV 交流线路 126 条；220kV 变电站 140 座（不含用户变），220kV 线路 499 条。下面从变电站和线路两方面来考察电网 "N−1" 通过率。

(a) 变电站 "N−1" 通过率：丰大校核方式下，完整网络 220kV 及以上线路或变压器 "N−1" 开断后，主变负载率超过 100% 而小于 140% 的 500kV 变电站有 3 个；主变负载率超过 100% 而小于 140% 的 220kV 变电站有 24 个；主变负载率超过 140% 的 220kV 变电站有 3 个。因此 500kV 变电站 "N−1" 通过率为

$$1 - (3/29) \times 100\% = 89.66\%$$

220kV 变电站 "N−1" 通过率为

$$1 - (3 + 24)/140 \times 100\% = 80.71\%$$

令 500kV 变电站和 220kV 变电站权重分别为 0.5、0.5，根据 "N−1" 通过率标准化函数计算公式：

$$f(x) = 0.5 \times 100 \times 89.66\% + 0.5 \times 100 \times 80.71\% = 85.11$$

某省电站 "N−1" 通过率得分为 85.11 分。

(b) 线路 "N−1" 通过率：丰大校核方式下，某省完整网络 220kV 及以上线路或变压器 "N−1" 开断后，无负载率超过 90% 的 500kV 线路；负载率在 90%~100% 之间的 220kV 线路有 2 条，无负载率超过 100% 的 220kV 线路，因此 2017 年电网 220kV 及 500kV 线路 "N−1" 通过率为 100%，即线路 "N−1" 通过率得分为 100 分。

考虑到变电站较线路"N-1"通过率更为重要,令变电站和线路"N-1"权重分别为 0.6、0.4,则"N-1"通过率综合计算得分为

$$0.6 \times 85.11 + 0.4 \times 100 = 91.07(分)$$

2)重要通道"N-2"通过率。某省重要通道主要包括西北、西南水电外送通道,2017 年某省输电网重要通道"N-2"通过情况如下:

(a)省内交流"N-2"故障存在暂态问题、热稳问题。省内交流"N-2"故障后,有 17 处变电站或线路将存在暂态问题、热稳问题,需切除相应机组。

(b)省内"N-2"故障存在局部地区高周问题。省内"N-2"故障后有 10 处变电站或线路局部地区频率稳定问题突出,地区电网崩溃概率大。总体来说,2017 年某省大部分供电地区电网不同程度地存在高周问题,需制定相应的高周切机方案。

综上所述,对于省内西部等水电资源比较丰富地区,8 个重要断面下的重要通道均存在"N-2"不通过的风险,接近某省外送重要通道的一半,因此综合 10 位专家意见,得出 2017 年某省重要通过"N-2"通过情况隶属度为

$$R_{重要通道N-2通过率} = [0.2 \quad 0.6 \quad 0.2]$$

指标得分为

$$F_{重要通道N-2通过率} = R_{重要通道N-2通过率} \cdot V^{T} = [0.2 \quad 0.6 \quad 0.2] \cdot [95 \quad 65 \quad 40]^{T} = 66.00(分)$$

3)接线模式适用度。某省电网各分区典型接线模式及负荷密度见表 7.24。

表 7.24　　　　　　　　某省电网各分区典型接线模式及负荷密度

区域	市(州)	主要接线模式	负荷密度/(kW/km²)
西北	A	单电源双链	38.11
	B	单电源双链	—
	C	单电源不完全双链	—
	D	单电源单环	36.21
	E	单电源双链	19.86
西南	F	单电源单环、单电源不完全链式	99.17
	G	单电源单环 单电源单链	31.06
	H	单电源不完全双环	58.59
	I	单电源不完全双链	27.54
东部	J	单电源双链、多电源双链	384.27
	K	单电源双链	58.54
南部	L	多电源双链、单电源双链、单电源不完全双环	284.63
	M	单电源双链	148.25
中部	N	单电源双链、多电源双链	308.38
	O	单电源不完全双链、单电源双链	27.98
	P	单电源双链、多电源双链	154.41

由表 7.24 可知,某省以市(州)为单位,负荷密度在 200~500kW/km² 之间的有 3

个市（州），接线模式主要为单电源双链、多电源双链、单电源不完全双环，符合该负荷密度区间下的接线模式；负荷密度在 $100\sim200\text{kW/km}^2$ 之间的市（州）有 2 个，主要接线模式为单电源双链、多电源双链，超前于当前负荷密度下的参考接线模式，但考虑负荷密度进一步增加的情况下也可满足供电需求；其他市（州）负荷密度均在 100kW/km^2 以下，接线模式主要以单电源单环、单电源不完全双环、单电源双链为主，网架结构较单电源单辐射稍复杂，电网安全可靠性较大，但不利用于资产利用率的提升。

接线模式适用度指标采用模糊统计法进行评估，隶属度为

$$R_{\text{接线模式适用度}}=\begin{bmatrix}0.4 & 0.5 & 0.1\end{bmatrix}$$

指标得分为

$$F_{\text{接线模式适用度}}=R_{\text{接线模式适用度}}\cdot V^{\text{T}}=\begin{bmatrix}0.4 & 0.5 & 0.1\end{bmatrix}\cdot\begin{bmatrix}95 & 65 & 40\end{bmatrix}^{\text{T}}=74.50(\text{分})$$

综上所述，网架结构协调评估指标的数值和得分见表 7.25。

表 7.25　　　　　　　　　网架结构协调评估指标的数值和得分

主要评估指标		指标数值	指标得分
一级指标	二级指标		
网架结构协调	"N−1"通过率	500kV 变电站：89.66%；220kV 变电站：80.55%；线路：100%	91.07
	重要通道"N−2"通过率	[0.2　0.6　0.2]	66.00
	接线模式适用度	[0.4　0.5　0.1]	74.50

（3）经济效益协调评估指标。

1）综合线损率。截至 2017 年年底，某省输电网线损情况见表 7.26。

表 7.26　　　　　　　　　　某省输电网线损情况

项目	2014 年	2015 年	2016 年	2017 年
500kV	1.57%	1.75%	1.26%	1.69%
220kV	1.41%	1.47%	1.16%	1.49%
输电网总计	2.98%	3.22%	2.42%	3.18%

从设计角度看，输电网综合线损一般为 $3\%\sim5\%$，某省 2014—2017 年线损值均在该范围内，整体情况较好。2016 年达到近几年最低，为 2.42%，结合线损计算公式，主要是由于 2015 年负荷负增长影响，供电量和售电量均有所下降；2016 年开始负荷增速恢复正常，因此 2017 年线损有所上升，但仍低于 2015 年水平，处于正常范围内。

结合综合线损指标标准化函数计算公式：

$$f(x)=-1500\times3.18\%+135=87.30$$

则某省输电网综合线损率得分为 87.30 分。

2）单位电网投资增售电量。某省 2012—2017 年输电网投资及省内售电量见表 7.27，其中输电网投资指 220kV 和 500kV 电网项目投资总值。

表 7.27　　　　　　　**某省 2012—2017 年输电网投资及省内售电量数据**

项　目	2012 年	2013 年	2014 年	2015 年	2016 年	2017 年
省内售电量/(亿 kW·h)	998.3	1006.91	1114.66	1172	1096.63	1211.5
输电网投资/亿元	42.44	33.37	51.94	77.17	32.29	35.60
单位电网投资增售电量/(kW·h/元)	—	0.20	3.23	1.10	−0.98	3.56

表 7.27 中，某省逐年单位电网投资增售电量计算公式为

$$单位电网投资增售电量 = \frac{当年售电量 - 上一年售电量}{上一年输电网投资}$$

总体来说，某省近年单位电网投资增售电量呈上升趋势，但 2015 年和 2016 年有较大的跌落，2017 年回升到跌落前水平。这主要是由于 2015 年某省负荷出现负增长，某省 2016 年的省内售电量较 2015 年有一定下降，而某省规划输电网仍按原负荷增速开展并实施投产，即投资仍按原计划实施。2013—2017 年某省内售电量和输电网投资走势如图 7.7 所示。

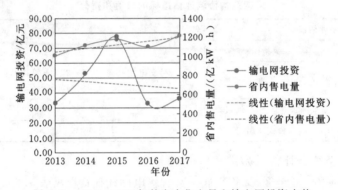

图 7.7　2013—2017 年某省内售电量和输电网投资走势

2016 年，某省根据负荷增长情况采取暂停或缓建等措施，降低了输电网投资水平，同时 2017 年某省负荷恢复了正增长，省内售电量恢复到以往正常增速水平，因此 2017 年某省单位电网投资增售电量水平较高。

从定性的角度采用模糊统计法对 2017 年某省单位电网投资增售电量指标进行评估，隶属度为

$$R_{单位电网投资增售电量} = [0.8 \quad 0.2 \quad 0]$$

指标得分为

$$F_{单位电网投资增售电量} = R_{单位电网投资增售电量} \cdot V^T = [0.8 \quad 0.2 \quad 0] \cdot [95 \quad 65 \quad 40]^T = 89.00(分)$$

经济效益协调评估指标的数值和得分见表 7.28。

表 7.28　　　　　　　　　　**经济效益协调评估指标的数值和得分**

主要评估指标		指标数值	指标得分
一级指标	二级指标		
经济效益协调	综合线损率	3.18%	87.30
	单位电网投资增售电量	[0.8 0.2 0]	89.00

综上所述，输电网内部协调评估指标的数值和得分结果汇总见表 7.29。

表 7.29   输电网内部协调评估指标的数值和得分

评估子目标	主要评估指标		指 标 数 值	指标得分
	一级指标	二级指标		
输电网内部协调	安全性协调	电网运行风险	[0.7 0.3 0]	86.00
		静态电压安全性	均达标	100
		动态稳定性	均达标	100
	网架结构协调	"N−1"通过率	500kV 变电站：89.66%；220kV 变电站：80.55%；线路：100%	91.07
		重要通道"N−2"通过率	[0.2 0.6 0.2]	66.00
		接线模式适用度	[0.4 0.5 0.1]	74.50
	经济效益协调	综合线损率	3.18%	87.30
		单位电网投资增售电量	[0.8 0.2 0]	89.00

7.2.3 现状输电网发展协调性指标评估结论

结合指标体系权重以及各指标得分，计算某省现状输电网发展协调性评估结果见附表 A.4。

2017 年某省输电网发展协调性评估得分为 67.96 分，结合成功度评估等级，则输电网发展协调性评估结论为部分成功，下面结合雷达图来具体分析指标的优劣情况。

1. 一级指标薄弱环节

2017 年某省输电网发展协调性评估子目标雷达图如图 7.8 所示。

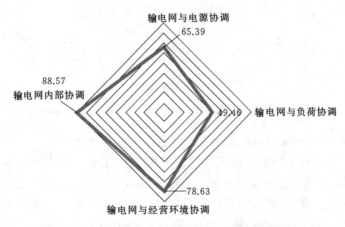

图 7.8 2017 年某省输电网发展协调性评估子目标雷达图

由图 7.8 可得，输电网内部协调评估指标得分最高，为 88.57 分；输电网与经营环境协调指标得分较高，为 78.63 分；输电网与电源协调指标得分为 65.39 分；输电网与负荷协调整体较差，指标低于 50 分，下面就一级指标作进一步分析。

2. 输电网与电源协调薄弱环节

输电网与电源协调评估子目标的一级指标包括电源规模协调、电源结构协调和电力市场建设协调 3 个方面，其雷达图如图 7.9 所示。

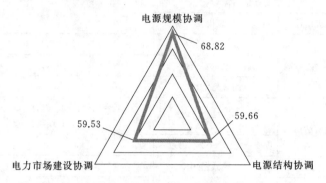

图 7.9　输电网与电源协调评估子目标的一级指标雷达图

3 个一级指标除电源规模协调得分接近 70 分外，其他两个指标均接近 60 分，得分情况较差。

二级指标雷达图如图 7.10 所示。

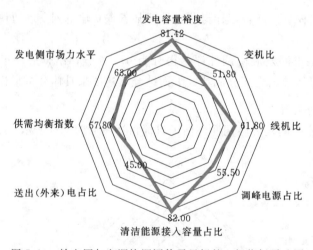

图 7.10　输电网与电源协调评估子目标的二级指标雷达图

由图 7.10 可知，输电网与电源协调二级指标中，清洁能源接入容量占比得分最高，为 82.00 分，表明某省电网的清洁能源适应性较强；发电容量裕度指标得分较高，为 81.42 分，表明某省电力系统发电侧在负荷增加时的应急能力及电力交换发电侧的整体水平较好；其余指标均在 60 分左右，指标得分较差，主要是由于某省电网处于快速扩张与不断加强的发展建设阶段，该省电源开发速度远高于省内、省外用电市场负荷需求增速，发电能力远大于用电需求。目前主网架还不能完全适应电力资源安全、高效配置的需要。且某省西南片区中小水电装机容量较大，多为径流式电站，调节能力较差，因此丰枯期出力悬殊。同时，2014 年开始受经济下行和产业结构调整的影响，省内外市场用电增速出现下降，某省电力市场供应从以往的季节性丰盈、枯缺转变为全年富余，面临电能消纳特别是水电消纳难题，而火电生存极其困难，供需严重失衡。

另外，由于电力市场建设处于起步阶段，发电侧和售电侧尚未形成良性竞争环境，电力市场建设指标得分不高。

3. 输电网与负荷协调薄弱环节

输电网与负荷协调评估子目标的一级指标（包括负荷发展协调、负载均衡度协调和负荷分布协调）雷达图如图7.11所示，其中：负荷发展协调指标得分最低，为45.20分；负载均衡度协调得分为32.68分；负荷分布协调指标得分最高，为74.76分。

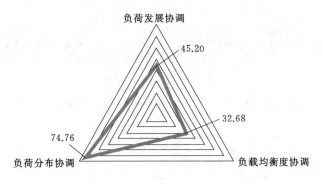

图7.11　输电网与负荷协调评估子目标的一级指标雷达图

输电网与负荷协调评估子目标的二级指标雷达图如图7.12所示。

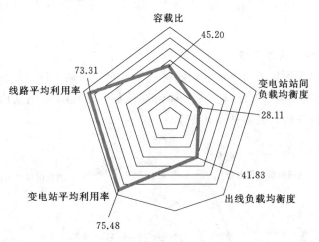

图7.12　输电网与负荷协调评估子目标的二级指标雷达图

由图7.12可知，输电网与负荷协调评估二级指标中，变电站平均利用率指标得分最高，为75.48分；其次为线路平均利用率，得分为73.31分；其余指标均在50分以下，指标得分较差。其中：容载比和出线负载均衡度得分分别为45.20分和41.83分，表明输电网整体容载比和线路的负载分布均衡度较差；变电站站间负载均衡度得分为28.11分，表明各变电站站间负载差异性较大，即虽然变电站的平均利用率得分较高，但处于轻载和重载区间下限位置的变电站较多。

4. 输电网与经营环境协调薄弱环节

输电网与经营环境协调性评估子目标的一级指标包括城市经济发展、城市土地及环境和城市智能化水平。3 个指标得分均在 75 分以上，整体情况较好，下面就输电网内部协调评估子目标的二级指标进行分析，其雷达图如图 7.13 所示。

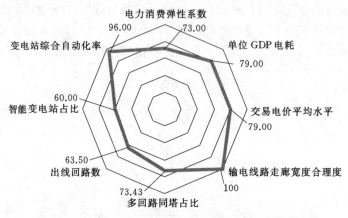

图 7.13　输电网与经营环境协调评估二级指标雷达图

由图 7.13 可知，输电网与经营环境协调二级指标中，输电线路走廊宽度合理度指标最好，得分为 100 分；智能变电站占比得分最差，得分为 60 分；出线回路数指标得分为 63.50 分，即变电站的间隔利用率较低；其余指标除均在 70 分以上，表明某省输电网与经营环境的整体协调性较好。

5. 输电网内部协调薄弱环节

输电网内部协调评估子目标的一级指标包括安全性协调、网架结构协调和经济效益协调。3 个指标得分均在 75 分以上，整体情况较好，下面就输电网内部协调评估子目标的二级指标进行分析，其雷达图如图 7.14 所示。

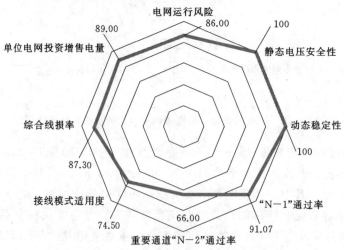

图 7.14　输电网内部协调评估二级指标雷达图

由图 7.14 可知，输电网内部协调性二级指标中，静态电压安全性指标和动态稳定性指标得分最好，为 100 分；重要通道"N−2"通过率指标最差，得分为 66.00 分，即对于某省西部的水电送出通道稳定性仍然需要进一步提高；其余指标除均在 70 分以上，表明某省输电网内部整体协调程度较好。

6. 某省输电网发展协调性重点提升方向

通过上述各指标的薄弱环节分析，给出某省输电网发展协调性需重点提升的指标（表 7.30）。

表 7.30   某省输电网发展协调性需重点提升的指标

需重点提升指标	指标得分	需重点提升指标	指标得分
变机比	51.80	容载比	45.20
线机比	61.80	变电站站间负载均衡度	28.11
调峰电源占比	55.50	出线负载均衡度	41.83
送出（外来）电占比	45.00	出线回路数	63.50
供需均衡指数	57.80	智能变电站占比	60.00
发电侧市场力水平	63.00		

根据上述指标薄弱环节，提出某省输电网发展改善措施如下。

（1）针对输电网与电源协调指标改善措施。为避免电力持续过剩，建议 2020 年之前不再新增火电，缓建火电 270 万 kW 左右，同时建议开展水电、风电与火电形成价格补贴机制相关研究。如果风电和水电发展达到预期，在丰期全省均有弃水的情况下，建议丰期考虑合理控制某省西北断面潮流。

在未来几年某省全省均大量电力富余的情况下，建议新能源的发展因地制宜，以就地消纳电量为主，而不是长距离输送电力。负荷中心新能源项目可优先开发。

上述电源发展建议，可减少某省富裕电力，而电源的投产进度往往与电力市场和电网规划脱节，均具有较多的不确定性因素。建议政府充分协调省内、省外电力市场，统筹协调发展省内电源开发进度，从电源供给侧去产能、去库存，从电力市场侧调结构，实现电力市场、电源企业和电网企业协调发展。

（2）针对输电网与负荷协调指标改善措施。依托南方电网西电东送的大平台，在综合考虑受端接纳能力的基础上，提高汛期送电负荷率，同时永富直流 2016 年汛前投产后力争送电；2017—2019 年，在 2016 年措施基础上扩建鲁西背靠背直流，进一步减少弃水；2020 年，提前建设某省送广东 500 万 kW 金下直流。

通过项目的调整和优化，至 2020 年年底某省容载比总体呈下降趋势，为进一步提高电网供给侧的运行效率，建议采取的措施如下：

1）容载比考核与网架完善工作并重。

2）研究适合各区域特点的网络结构。

3）不同电压等级电网协调建设研究。

4）设备利用效率研究成果引入电网规划、项目评审中和决策中。

5）加强电网规划项目前期工作和项目后评估工作。

（3）针对输电网与经营环境协调指标改善措施。增加已有变电设备的间隔利用率，随着负荷的增长更加充分地利用出线回路，同时加强智能变电站的建设进程。

7.3　某省输电网规划

7.3.1　规划方案边界条件

1. 负荷需求

以 2017 年为现状年，某省 2018—2020 年电力需求见表 7.31。

表 7.31　　　　　　　　　某省 2018—2020 年电力需求

项 目		2017 年	2018 年	2019 年	2020 年
基础方案	全社会用电量/(亿 kW·h)	1538	1650	1750	1900
	全社会最大负荷/万 kW	2563	2780	3000	3250
低方案	全社会用电量/(亿 kW·h)	1538	1600	1670	1760
	全社会最大负荷/万 kW	2563	2700	2850	3000
高方案	全社会用电量/(亿 kW·h)	1538	1770	1930	2100
	全社会最大负荷/万 kW	2563	3000	3250	3500

（1）基础方案：2020 年全社会用电量和负荷达到 1900 亿 kW·h 和 3250 万 kW，年均增长率分别为 7.30% 和 8.24%。其中考虑产业结构调整和经济复苏的周期，2018—2020 年全社会用电量逐年增速分别为：7.28%、7.27%、7.34%。

（2）低方案：考虑产业结构调整持续，按经济增速较慢的情形提出比基础方案更低的校核水平负荷方案，2020 年全社会用电量和负荷达到 1760 亿 kW·h 和 3000 万 kW，年均增长率为 4.60% 和 5.39%。

（3）高方案：同时，某省提出了"十三五"GDP 增速 8.5% 左右的发展目标，在经济复苏、产业结构调整成效明显的情况下，为满足某省快速的负荷需求，提出了负荷增长的高方案为：2020 年全社会用电量和负荷达到 2100 亿 kW·h 和 3500 万 kW，年均增长率均为 10.94%。

2. 电源规划

根据某省电网公司《"十三五"输电网规划》、某省《电力工业发展"十三五"及中长期规划》及前期工作的最新收资情况，对近期主要电源项目的前期工作和开发进度的调研分析结果，某省 2018—2020 年电源发展规划见表 7.32。

至 2020 年，某省电源总装机容量将达到 10460 万 kW，其中：水电 7200 万 kW，火电 1700 万 kW，新能源 1560 万 kW，其中风电 1300 万 kW。

后期的电网规划，均按上述 3 种负荷方案和电源规划方案为边界条件开展，并依据规划输电网发展协调性评估指标体系进行 3 种规划方案的优选。

表 7.32	某省 2018—2020 年电源规划方案		单位：万 kW	
项　　目	2017 年	2018 年	2019 年	2020 年
总装机	8960	9785	9955	10460
水电装机	6231	6700	6750	7200
其中：三江干流	4126	4250	4500	4800
中小水电	2105	2450	2250	2400
火电装机	1667	1670	1675	1700
风电	824	1170	1275	1300
光伏	238	245	255	260

7.3.2　规划方案

1. 基础方案

(1) 2020 年供需形势分析。2020 年某省基础方案负荷达到 3250 万 kW，外送周边电网总规模 150 万 kW，西电东送规模 2950 万 kW。2020 年参与平衡的水电装机容量为 7200 万 kW，火电装机容量为 1700 万 kW，新能源装机容量为 1560 万 kW。

根据电力电量平衡测算，2020 年省内电力富余相对 2019 年有所增大。按枯水年测算，有 400 万～740 万 kW 的电力盈余，火电利用小时数为 3000h 左右。按平水年测算，有 700 万～1200 万 kW 的电力盈余，其中：汛期有 300 万 kW 的季节性水电盈余，全年弃水电量为 175 亿 kW·h 左右，火电利用小时数为 1794h。

(2) 500kV 网络。至 2020 年年底，某省电网将新建 500kV 变电站 7 座，扩建 500kV 变电站 5 座，建设 500kV 开关站 1 座。至 2020 年年底，500kV 变电容量达到 5600 万 kVA，此外，还将新增一个联络变 1×36 万 kVA。

(3) 220kV 网络。截至 2020 年年底，某省电网共新增 220kV 公用变电站 24 座，该扩建变电站 17 座，新建变电容量 950 万 kVA。

截至 2020 年年底，通过新建或改扩建变电站、线路，优化网络接线等方式，某省 500kV 和 220kV 主网架得到较大加强，各 500kV 变电站、220kV 变电站供电分区逐渐清晰，供电可靠性显著提高。

2. 高方案

(1) 2020 年供需形势分析。高方案下，2020 年某省用电量 2100 亿 kW·h，负荷达到 3500 万 kW，省内仍然存在一定的电力富余。按枯水年测算，有 200 万～530 万 kW 的电力盈余，火电利用小时数为 4400h 左右。按平水年测算，有 620 万～650 万 kW 的电力盈余，全年弃水电量为 108 亿 kW·h 左右。

(2) 500kV 电网新增项目。与基础方案相比，为了满足负荷增长的供电需求，新增 500kV 工程（1×75 万 kVA），其余片区 500kV 布点与基础方案保持一致。

在高负荷水平下，全省新增 1 个二期项目，网架方面无变化。

至 2020 年年底，某省电网 500kV 变电站共 36 座、开关站 1 座，变电容量达 5700 万 kVA。

（3）220kV 电网新增项目。与基础方案相比，在高负荷水平下，全省新增 220kV 项目 5 个，工程均为 220kV（1×18 万 kVA）。

总体来看，至 2020 年年底，某省电网 220kV 变电站共 160 座，开关站 2 座，变电容量达 5560 万 kVA。

3. 低方案

（1）2020 年供需形势分析。2020 年某省低方案用电量 1760 亿 kW·h，负荷达到 3000 万 kW，电力富裕较基础方案增加 200 万～500 万 kW。枯水年电力盈余 600 万～800 万 kW，全年无弃水，火电利用小时数为 2100h 左右。平水年电力盈余 850 万～1500 万 kW 的电力盈余，全年弃水电量为 253 亿 kW·h 左右，丰期季节性水电盈余 600 万 kW。

（2）500kV 电网调减项目。低方案 2020 年负荷水平基本与基础方案 2019 年负荷水平持平，为解决电网上网或满足可靠性的 500kV 部分项目不受负荷减小的影响。低方案下某省省内 500kV 变电站布点规划项目变化仅变化一项，即低方案下某变（2×75 万 kVA）改为开关站。其余片区的"十三五"500kV 布点与基础方案保持一致。

低方案下，至 2020 年年底共新建 500kV 变电站 6 座，扩建 500kV 变电站 5 座，建设 500kV 开关站 2 座。至 2020 年年底，500kV 变电规模达到 5500 万 kVA，此外，至 2020 年年底还将新增某联络变 1×36 万 kVA。

（3）220kV 电网调减项目。低负荷水平下，某省省内 220kV 变电站布点规划项目变化情况如下：

1）4 个变电站推迟至"十三五"以后投产，其余片区的 220kV 布点与基础方案保持一致。

2）调减上述变电站容量后相应调减上述变电站的接入系统线路，优化之后的 220kV 网架能够满足负荷可靠供电要求。

3）低方案下，至 2020 年年底某省电网共新增 220kV 公用变电站 21 座，改扩建变电站 16 座，新增变电容量 860 万 kVA。

7.4 某省规划输电网发展协调性评估

7.4.1 规划输电网发展协调性评估指标体系

本书第 5 章详细介绍了输电网发展协调性的评估指标体系，适用于现状输电网评估。而规划电网项目由于其超前性，更加注重规划方案边界条件预测的准确性，因此在原有现状输电网发展协调性评估指标的基础上，增加了各方案负荷预测和电源规划边界条件的合理度指标，即将原有 29 个评估指标扩展为 31 个评估指标，规划输电网发展协调性评估指标体系见表 7.33。

由于第 5 章已对现状输电网发展协调性评估指标进行了详细说明，此处不再赘述，只对规划输电网发展协调性评估新增的 2 个指标进行说明。

1. 电源规划协调评估指标

电源规划协调评估指标主要为各方案电源规划的合理度。该指标主要是根据现状年

表 7.33　　　　　　　规划输电网发展协调性评估指标体系

序号	评估总目标	子目标	一级指标	二级指标	说明
1	规划输电网发展协调性	输电网与电源协调	电源规划协调	电源规划合理度	规划评估新增指标
2			电源规模协调	发电容量裕度	原有现状评估指标
3				变机比	
4				线机比	
5			电源结构协调	调峰电源占比	
6				清洁能源接入容量占比	
7				送出（外来）电占比	
8			电力市场建设协调	供需均衡指数	
9				发电侧市场力水平	
10		输电网与负荷协调	负荷预测协调	负荷预测偏差度	规划评估新增指标
11			负荷发展协调	容载比	
12			负载均衡度协调	变电站站间负载均衡度	
13				出线负载均衡度	
14			负荷分布协调	变电站平均利用率	
15				线路平均利用率	
16		输电网与经营环境协调	城市经济发展协调	电力消费弹性系数	原有现状评估指标
17				单位 GDP 电耗	
18				交易电价平均水平	
19			城市土地及环境协调	输电线路走廊宽度合理度	
20				多回路同塔占比	
21				出线回路数	
22			城市智能化水平协调	智能变电站占比	
23				变电站综合自动化率	
24		输电网内部协调	安全性协调	电网运行风险	
25				静态电压安全性	
26				动态稳定性	
27			网架结构协调	"N-1"通过率	
28				重要通道"N-2"通过率	
29				接线模式适用度	
30			经济效益协调	综合线损率	
31				单位电网投资增售电量	

近期的电源规模发展趋势，评估规划年的电源规划规模合理程度。电源规划偏差取值越小，则规划方案的前提边界数据越准确，规划方案的合理性越高，因此该指标取值越大越好。

2. 负荷预测协调评估指标

负荷预测协调评估指标主要为各方案负荷预测的偏差度。规划年各规划方案负荷预测偏差程度主要是根据近期的全社会最大负荷及全社会用电量发展趋势，评估规划年的负荷预测数据的准确程度。负荷预测方案是后续电网规划非常重要的前提条件，输配电网的变电站容量规划和布点，以及后续电网网络方案和电气计算，均以此为前提。负荷预测偏差过大，后续电网规划均失去合理性，因此，该指标取值越小越好。

7.4.2　规划输电网发展协调性评估指标权重

依据前述德尔菲法和 AHP（层次分析法），得到规划输电网发展协调性评估指标体系权重（附表 A.5）。

7.4.3　规划输电网发展协调性评估指标分析

1. 输电网与电源协调

（1）电源规划合理度。某省 2015—2017 年电源装机规模见表 7.34。

表 7.34　　　　　　　　　　某省 2015—2017 年电源装机规模　　　　　　　单位：万 kW

项　　目	2015 年	2016 年	2017 年
总装机	7927	8443	8960
水电装机	5774	6096	6231
其中：三江干流装机	3718	3958	4126
中小水电装机	2056	2138	2105
火电装机	1422	1459	1667
风电装机	614	737	824
光伏装机	117	208	238

结合某省 2018—2020 年电源发展规划，得到电源发展趋势，如图 7.15 所示。

其中，对比 2015—2017 年总装机年均增速 6.30%，某省 2018—2020 年电源发展规划中总装机容量年增长率为 6.66%，符合经济发展规律。

依据某省 2015—2017 年总装机容量数据，对 2018—2020 年各不同类型电源装机容量进行线性预测，如图 7.15 所示，可知 2018—2020 年电源装机容量规划值接近线性预测值，整体规划情况偏差较小，即规划数据较为合理。

由于负荷高、基础、低 3 种方案均用同一电源规划方案，因此 3 个方案的电源规划方案结论一致。

（2）发电容量裕度。3 个规划方案的发电容量裕度计算边界条件同现状输电网，计算结果见表 7.35。

对比现状输电网的平均发电容量裕度 33.51%，3 个规划方案中该指标上调范围较大，电力盈余较多，应加强电力送出通道建设，大力发展省内负荷。其中，3 个规划方案中高方案的指标效果最好，低方案的指标效果最差。

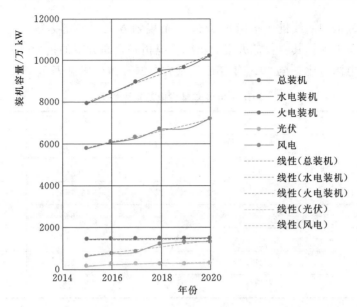

图 7.15　某省电源发展趋势

表 7.35　　　　　　　　　　　　　　3 个规划方案的输电网发电容量裕度计算

规划方案	某省电源总装机容量/万 kW	全社会最大用电负荷/万 kW	外送电力/万 kW	供某省本省负荷的装机容量/万 kW	并入其他电厂扣除/万 kW	发电容量裕度/%
低方案	10460	3000	3100	6800	320	51.48
基础方案	10460	3250	3100	6800	320	47.76
高方案	10460	3500	3100	6800	320	43.39

（3）变机比。3 个规划方案的输电网变机比指标计算见表 7.36。

表 7.36　　　　　　　　　3 个规划方案的输电网变机比指标计算

规划方案	供某省本省负荷的装机容量/万 kW	公用变电容量之和/万 kVA	变机比
低方案	6800	5500	0.81
基础方案	6800	5600	0.82
高方案	6800	5700	0.84

对比现状输电网的变机比指标 0.773，3 个规划方案的指标数值均略有上升，指标效果略有下降。其中：低方案下指标效果稍好，高方案下指标效果较差。

（4）线机比。3 个规划方案的输电网线机比指标计算见表 7.37。

表 7.37　　　　　　　3 个规划方案的输电网线机比指标计算

规划方案	供某省本省负荷的装机容量/亿 kW	输电线路长度/万 km	线机比
低方案	0.68	3.73	5.485
基础方案	0.68	3.79	5.570
高方案	0.68	3.81	5.603

对比现状输电网的线机比指标 4.874，3 个规划方案中该指标数值均上升较大，指标整体效果有所下降。其中：低方案的指标情况稍好，高方案的指标效果较差。

（5）调峰电源占比。至 2020 年年底，某省电源整体构成见表 7.38。

表 7.38　　　　　　　　2018—2020 年某省电源整体构成

项　目	2017 年	2018 年	2019 年	2020 年
总装机	100%	100%	100%	100%
水电装机	70.12%	70.58%	69.77%	70.47%
其中：三江干流	46.06%	46.92%	46.16%	47.83%
中小水电	24.06%	23.66%	23.61%	22.64%
火电装机	16.32%	15.42%	15.21%	14.46%
风电装机	9.21%	12.29%	13.15%	12.52%
光伏装机	2.66%	2.58%	2.64%	2.55%

由表 7.38 数据可知，未来某省水电装机总量基本保持不变，其中：中小水电稳中有降；火电装机容量小幅下降，风电装机容量占比小幅上升，光伏装机容量占比基本保持不变。总体来看，2020 年某省电源种类及比例间的互补平衡度仍较差，同时具有调峰能力的电源结构占比较低，电源的整体调节能力较现状年水平相当，还需采取措施进一步提高。

（6）清洁能源接入容量占比。至 2020 年年底，某省电源总装机容量达到 10460 万 kW，其中：水电 7200 万 kW，中小水电 2400 万 kW；火电 1700 万 kW，含综合利用类 200 万 kW；新能源 1560 万 kW，其中风电 1300 万 kW，即清洁能源总装机容量占比＝水电＋风电＋光伏＋综合能源类等＝85.66%。较现状中输电网清洁能源接入容量占比 82% 有一定提升。

（7）送出（外来）电占比。对于送受电量，送受双方省份仍存在较大分歧。至 2020 年年底考虑外送某省电 1035 亿 kW·h，丰期最大电力 2350 万 kW；外送广东省 230 亿 kW·h，丰期最大电力 600 万 kW。除此之外考虑外送周边国家等共计电量约 50 亿 kW·h，最大电力约 115 万 kW，即累计送电 1315 万 kW·h，较 2017 年累计西电东送电量 1242.2 亿 kW·h 有一定提升。

考虑送出电后，3 个规划方案的电力供需情况见表 7.39。

表 7.39　　　　　　　　3 个规划方案的电力供需情况

规划方案	枯水年电力盈余 /万 kW	平水年电力盈余 /万 kW	平水年全年弃水量 /（亿 kW·h）
低方案	600~800	850~1500	253
基础方案	400~740	700~1200	175
高方案	200~530	620~650	108

由表 7.39 可知，3 个规划方案在供本地负荷和外送外，均有电力盈余。高方案下

电力供需情况比较适中，电力盈余最小；基础方案供需情况一般，有一定的电力盈余；低方案下电源供需指标较差，电力盈余较多，电网利用效率较低。但较 2017 年的弃水量 300 亿 kW·h 均有较大改善，因此，整体送出效率指标有所提升，其中：高方案指标情况最好，低方案指标较差，基础方案指标居中。

（8）供需均衡指数。在备用容量取电源装机容量 14％的情况下，3 个规划方案的供需均衡指数计算见表 7.40。

表 7.40　　　　　　　　　3 个规划方案的供需均衡指数指标计算

规划方案	供某省本省负荷的装机容量/万 kW	全社会最大用电负荷/万 kW	供需均衡指数
低方案	6800	3000	1.95
基础方案	6800	3250	1.81
高方案	6800	3500	1.67

对比现状输电网的供需均衡指数 1.96，3 个规划方案的指标均有所下降，其中：高方案下降最大，指标情况最好，低方案下指标效果较差。

（9）发电侧市场力水平。随着电力市场交易中市场主体数量的升高、发电侧市场的竞争进一步加大，现状输电网中五大发电集团的市场集中度指数必然有所下降，即其垄断情况有所改善，预计 2020 年发电侧市场力水平指标较目前现状输电网情况有一定提升。

2. 输电网与负荷协调

（1）负荷预测偏差。2014—2017 年某省全社会用电量和最大负荷见表 7.41。

表 7.41　　　　　　　　2014—2017 年某省全社会用电量和最大负荷

项　　目	2014 年	2015 年	2016 年	2017 年	年均增长率
全社会用电量/(亿 kW·h)	1529	1439	1426	1538	0.2％
最大负荷/万 kW	2510	2400	2374	2563	0.7％

2014—2017 年全社会用电量和最大负荷年均增速分别为 0.2％、0.7％，某省 2018—2020 年规划输电网方案中负荷预测规划值应呈缓慢上升趋势。

结合某省 2018—2020 年规划方案负荷预测值，得到负荷发展趋势（图 7.16）。

依据某省 2014—2017 年负荷数据，对 2018—2020 年 3 个规划方案的全社会用电量和最大负荷进行线性预测，如图 7.16 所示，可知 2018—2020 年低方案下全社会用电量和最大负荷规划值接近线性预测值，规划情况偏差较小，即规划数据较为合理，基础方案中负荷预测偏差一般，高方案下负荷预测偏差较大。

（2）容载比。

1）基础方案容载比。

（a）基础方案 500kV 电网容载比。至 2020 年年底，通过调减规模和推迟投产，全省 500kV 降压变容载比降至 1.86。容载比偏高的地区有 4 个市（州），其他地区容载比相对合理。

（b）基础方案 220kV 电网容载比分析。基础方案下，2020 年年底容载比达到 1.97，

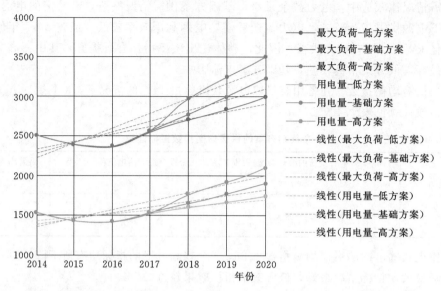

图 7.16　某省规划方案负荷预测偏差（负荷：万 kW；用电量：亿 kW·h）

处于较合理范围。

2）高方案容载比。

（a）高方案 500kV 容载比。与基础负荷水平相比，在高负荷水平下，为了满足新增负荷供电需求某市各扩建一台主变后，容载比达到 2.0 左右。其他地区容载比相对合理，在"十三五"期间容载比呈下降趋势。

（b）高方案 220kV 容载比。与基础负荷水平相比，在高负荷水平下，全省容载比下降至 1.81。其中 5 个市（州）容载比依然偏高，其他地区目标年容载比处于较合理的范围。

3）低方案容载比。

（a）低方案 500kV 容载比。低方案下，通过调减相关变电容量，2020 年 500kV 容载比为 1.99，容载比较基础方案略有升高，但仍低于 2。

（b）低方案 220kV 容载比。低方案较基础方案减少的变电项目仅某市 150 万 kVA，因此，在低方案下，除某市外各地区容载比较基础方案均有所提高。扣除为解决供电可靠性和电源上网而新增的变电容量后，2020 年全网 220kV 容载比为 2.1，容载比较负荷基础方案偏大。

综上所述，某省现状年与规划年不同规划方案的电网容载比见表 7.42。

表 7.42　　　　　　　某省现状年与规划年不同规划方案的电网容载比

规划方案	现状年（2017 年）		规划年（2020 年）	
	500kV 容载比	220kV 容载比	500kV 容载比	220kV 容载比
低方案			1.99	2.10
基础方案	3.05	3.14	1.86	1.97
高方案			2.00	1.81

由表 7.42 可知，3 个规划方案整体电网容载比较现状年均有较大改善，在数值范围上也比较接近。考虑 500kV 电网容载比合理范围为 1.4～1.6，220kV 电网容载比合理范围为 1.6～1.9，基础方案的电网容载比取值最合理，高方案次之，低方案稍差。

（3）变电站站间负载均衡度。2017 年某省 500kV 变电站站间负载均衡程度得分为 30.17 分，220kV 变电站站间负载均衡程度得分为 26.92 分，整体得分为 28.11 分，而规划年电网容载比较现状年水平有大幅提高，输电网设备利用率进一步改善，因此 2020 年 3 个规划方案的变电站站间负荷均衡程度较现状年水平将会有较大提升。

（4）出线负载均衡度。2017 年某省输电线路负载均衡程度得分为 41.83 分，得分较低，与其电网容载比指标有直接关系，随着规划年电网容载比水平的得升，3 个规划方案中该指标也将较现状年有较大提升。

（5）变电站及线路平均利用率。2017 年某省变电站及出线的平均利用率得分均在 70 分以上，同样随着规划年电网容载比水平的得升，3 个规划方案中的变电站及线路平均利用率指标得分较现状年将有一定的提升。

3. 输电网与经营环境的协调性

（1）电力消费弹性系数。依据某省 2013—2016 年的电力消费量发展趋势和地区生产总值发展趋势，预测 2020 年电力消费弹性系数见表 7.43。

表 7.43　　　　　　　　某省规划年电力消费弹性系数指标计算

2016 年现状值		2017—2020 年年均增速		2020 年电力消费弹性系数预测值
电力消费量/(万 kW·h)	地区生产总值/亿元	电力消费量	地区生产总值	
14105.2	14788.42	5.75%	9.44%	0.61

相较原有 2016 年某省 −0.23 的电力消费弹性系数，规划年该指标有大幅度的改善。

（2）单位 GDP 电耗。依据某省 2013—2017 年的全社会用电量发展趋势和地区生产总值发展趋势，预测规划年（2020 年）单位 GDP 电耗数据见表 7.44。

表 7.44　　　　　某省规划年（2020 年）单位 GDP 电耗指标计算

2017 年现状值		2017—2020 年年均增速		2020 年单位 GDP 电耗预测值 /[(kW·h)/万元]
全社会用电量/(10^3 万 kW·h)	地区生产总值/亿元	全社会用电量	地区生产总值	
15380	16531.34	5.05%	9.44%	8228

与某省 2017 年的单位 GDP 电耗相比，规划年该指标有较大改善。

（3）交易电价平均水平。2017 年，某省市场电价走势与供需形势的变化趋势基本保持一致，随着电力市场建设的进一步完善，交易电价平均水平应更趋于稳定，因此该指标预计在现状年水平的基础上有一定提升。

（4）输电线路走廊宽度合理度。某省现状年输电线路走廊宽度均符合设计要求，随着电网建设科技水平的提高，规划年该指标也必将全部达标，即 3 个规划方案该指标得分均为满分。

（5）多回路同塔占比。该指标考察的是城市土地资源的有效利用情况，随着城市节约用地、电网建设水平要求的进一步提高，多回路同塔建设的导向也会更加明确，因此规划年该指标将进一步提升。

（6）出线回路数。至 2020 年年底，通过新建或改扩建变电站、线路，优化网络接线等方式，某省 500kV 和 220kV 主网架得到较大加强，各 500kV 变电站、220kV 变电站供电分区逐渐清晰，供电可靠性显著提高。同时，随着 2020 年电网容载比的提升，电网设备的利用率也进一步加强，即变电站出线回路数较现状水平会有较大提升。3 个规划方案中，负荷高、低方案可能存在新增变电站初期出线回路较少的问题，负荷基础方案的变电站出线应更合理。

（7）智能变电站占比。根据《2015—2020 年中国智能变电站行业市场前瞻与投资战略规划分析报告》，中国智能变电站的未来将迎来爆炸式增长：第一阶段新建智能变电站 46 座，在运变电站智能化改造 28 座；第二阶段新建智能变电站 8000 座，在运变电站智能化改造 50 座，特高压交流变电站改造 48 座；第三阶段新建智能变电站 7700 座，在运变电站智能化改造 44 座，特高压交流变电站改造 60 座。根据国家规划，到 2020 年年底，110（66）kV 及以上智能变电站占变电站总量的 65% 左右。

因此，较目前某省智能变电站现状，2020 年该指标会有大幅度提升。

（8）变电站综合自动化率。目前某省综自站占比已达到 96%，预计 2020 年某省 220kV 及以上该指标将达到 100%。

4. 输电网内部协调

（1）电网运行风险。依据某省《电网"十三五"风险评估报告》，2020 年某省 500kV 电网可能会发生的一般及以上电力安全事故项均为一般事故，共 2 项，且事故风险值均低于 70 分，属于可能的风险，需要关注。相较 2017 年无电网安全事故，规划年 500kV 电网安全可靠性依然较高。

规划年 220kV 电网发生一般及以上电力安全事故及一级事件的可能性较小。其中：重大事故由 2017 年的 4 项事故减少至 2020 年的 0 项，较大事故由 18 项减少至 3 项，一般事故由 6 项减少至 4 项。即 2020 年某省 220kV 输电网整体抵御风险能力较好，电网较 2017 年应对风险的能力有大幅度提高。

（2）静态电压安全性。目前某省该指标各种情形下的裕度均较高，满足导则要求。因此 2020 年 3 个规划方案的该指标仍将达标。

（3）动态稳定性。现状年某省电网内部地区性振荡模式的阻尼比均大于 4.5%，满足某省电网公司动态稳定性标准。因此，规划年 3 个规划方案的该指标仍将达标。

（4）"N−1"通过率及重要通道"N−2"通过率。由某省《"十三五"输电网规划修编》可知，3 个规划方案中，2020 年丰枯期单主变变电站均合环运行，当发生主变"N−1"故障时，系统保持稳定，在电磁环网运行的条件下，220kV 电网转供能力满足要求，不存在主变"N−1"过载的问题。另外，经 220kV 主变"N−1"稳定计算，系统保持稳定。

至 2020 年年底，某省逐年的网架建设可较好地满足省内用电以及规划电力外送容量的需求，随着某省电网供电可靠性的进一步加强。因此，规划年 3 个规划方案的输电网变电站及线路的"N−1"通过率及重要通道"N−2"通过率应不低于现状年水平，并在此基础上进一步提升。

（5）接线模式适用度。由现状年该指标数据可知，某省以市（州）为单位的接线模式，超前于当前负荷密度下的参考接线模式，随着后续几年某省负荷恢复正增长，在负荷密度进一步增大的情况下将更好地适应供电需求，因此规划年3个规划方案总体上该指标水平均有所提升。

（6）综合线损率。依据某省2014—2017年输电网综合线损发展趋势，预测2020年某省输电网综合线损率见表7.45。

表 7.45　　　　　　　　　　2020 年某省输电网综合线损率指标计算

2017 年输电网综合线损值		2014—2017 年线损率年均增速	2020 年输电网综合线损率预测值
500kV	1.69%	2.49%	1.82%
220kV	1.49%	1.86%	1.57%
输电网总计	3.18%	2.19%	3.39%

相较2017年某省的输电网综合线损率3.18%，规划年该指标有小幅上升，但仍处于较好水平，符合输电网综合线损率3%～5%的设计范围。

（7）单位电网投资增售电量。由某省《"十三五"输电网规划修编》可知，2020年某省单位电网投资增售电量见表7.46。

表 7.46　　　　　　　　2020 年某省单位电网投资增售电量　　　　　　　单位：kW·h/元

单位电网投资增售电量	2017 年现状值	2020 年预计值		
		低方案	基础方案	高方案
220kV 及以上输电网	3.56	3.70	3.50	3.27

与2017年相比，2020年某省3个规划方案单位电网投资增售电量变化不大，其中：低方案下，某省单位电网投资增售电量为3.70kW·h/元，数额最大，输电网效率最高；高方案下，某省单位电网投资增售电量为3.27kW·h/元，输电网效率较差。

7.4.4　规划输电网发展协调性评估

基于规划输电网发展协调性评估指标分析结论，将评估指标分为定量指标和定性指标两类，分别计算其得分情况。

1. 定量指标得分计算

将规划输电网发展协调性评估12个定量指标代入相应的得分标准公式中，得到定量指标的得分（表7.47）。

2. 定性指标得分计算

对于定性指标，采用模糊隶属度法，对3个规划方案的定性评估指标得分进行计算。

（1）设定指标的评语集 V。设 $V = \{V_1, V_2, V_3\} = \{好，中，差\}$ 为给定的评语集，构造规划输电网发展协调性评估指标隶属度矩阵，依据已有评语集，定义其数值化结果，即将评语集用数值 B 来表示，将 {好、中、差} 数值化为 $B = \{95，65，40\}$。

表 7.47 规划输电网发展协调性评估定量指标得分

序号	指标名称	指标得分标准	指标数值 低方案	指标数值 基础方案	指标数值 高方案	指标得分 低方案	指标得分 基础方案	指标得分 高方案
1	发电容量裕度	$f(x)=123(1-x)$	51.48%	47.76%	43.39%	59.68	64.26	69.63
2	变机比	$f(x)=66.7x$	0.81	0.82	0.84	53.95	54.93	55.91
3	线机比	$f(x)=12(10-x)$	5.485	5.57	5.603	54.18	53.16	52.76
4	清洁能源接入容量占比	$f(x)=100x$	85.66%			85.66		
5	供需均衡指数	$f(x)=55.6(3-x)$	1.95	1.81	1.67	58.30	66.10	73.90
6	容载比	500kV: $f(x)=38.5(4.2-x)$	1.99	1.86	2.00	88.22	93.55	92.35
		220kV: $f(x)=43.5(4.2-x)$	2.10	1.97	1.81			
7	输电线路走廊宽度合理度	500kV: 60~75m 220kV: 30~40m	达标			100		
8	智能变电站占比	$f(x)=76.92x+30.77$	65%			80.77		
9	变电站综合自动化率	$f(x)=100x$	100%			100		
10	静态电压安全性	$K_p>8\%$	达标			100		
11	动态稳定性	阻尼比大于4.5%	达标			100		
12	综合线损率	$f(x)=-1500x+135$	3.39%			84.15		

（2）隶属度矩阵的建立。指标隶属度采用模糊统计法，邀请10位专家对3个规划方案的定性指标分别进行投票，结果见表7.48。

表 7.48 规划输电网定性指标投票结果

序号	指标名称	低方案	基础方案	高方案
1	电源规划合理度	[0.7 0.3 0]	[0.7 0.3 0]	[0.7 0.3 0]
2	调峰电源占比	[0.1 0.5 0.4]	[0.1 0.5 0.4]	[0.1 0.5 0.4]
3	送出（外来）电占比	[0.2 0.3 0.5]	[0.2 0.3 0.5]	[0.2 0.3 0.5]
4	发电侧市场力水平	[0.4 0.4 0.2]	[0.4 0.4 0.2]	[0.4 0.4 0.2]
5	负荷预测偏差度	[1 0 0]	[0.6 0.3 0.1]	[0.2 0.3 0.5]
6	变电站站间负载均衡度	[0.5 0.3 0.2]	[0.5 0.3 0.2]	[0.5 0.3 0.2]
7	出线负载均衡度	[0.5 0.3 0.3]	[0.5 0.3 0.3]	[0.5 0.3 0.3]
8	变电站平均利用率	[0.6 0.4 0]	[0.6 0.4 0]	[0.6 0.4 0]
9	线路平均利用率	[0.6 0.4 0]	[0.6 0.4 0]	[0.6 0.4 0]
10	电力消费弹性系数	[0.5 0.5 0]	[0.5 0.5 0]	[0.5 0.5 0]
11	单位GDP电耗	[0.6 0.4 0]	[0.6 0.4 0]	[0.6 0.4 0]
12	交易电价平均水平	[0.6 0.4 0]	[0.6 0.4 0]	[0.6 0.4 0]
13	多回路同塔占比	[0.6 0.4 0]	[0.6 0.4 0]	[0.6 0.4 0]

序号	指 标 名 称	低方案	基础方案	高方案
14	出线回路数	[0.4 0.5 0.1]	[0.4 0.5 0.1]	[0.4 0.5 0.1]
15	电网运行风险	[0.8 0.2 0]	[0.8 0.2 0]	[0.8 0.2 0]
16	"N−1"通过率	[0.9 0.1 0]	[0.9 0.1 0]	[0.9 0.1 0]
17	重要通道"N−2"通过率	[0.2 0.8 0]	[0.2 0.8 0]	[0.2 0.8 0]
18	接线模式适用度	[0.5 0.5 0]	[0.5 0.5 0]	[0.5 0.5 0]
19	单位电网投资增售电量	[0.9 0.1 0]	[0.8 0.2 0]	[0.7 0.3 0]

表 7.48 中，括号里的数值分别表示 10 位专家中认为该指标隶属于 V_1（好）、V_2（中）、V_3（差）的人数与专家总人数的比值，也即该指标隶属于 V_1（好）、V_2（中）、V_3（差）的隶属度。

将定性指标隶属度与评语集向量相乘，得到 3 个规划方案定性指标的得分（表 7.49）。

表 7.49　　　　　　　　　　**规划输电网定性指标得分表**

序号	指 标 名 称	低方案	基础方案	高方案
1	电源规划合理度	86.00	86.00	86.00
2	调峰电源占比	58.00	58.00	58.00
3	送出（外来）电占比	58.50	58.50	58.50
4	发电侧市场力水平	72.00	72.00	72.00
5	负荷预测偏差度	95.00	80.50	58.50
6	变电站站间负载均衡度	75.00	75.00	75.00
7	出线负载均衡度	75.00	75.00	75.00
8	变电站平均利用率	83.00	83.00	83.00
9	线路平均利用率	83.00	83.00	83.00
10	电力消费弹性系数	80.00	80.00	80.00
11	单位 GDP 电耗	83.00	83.00	83.00
12	交易电价平均水平	83.00	83.00	83.00
13	多回路同塔占比	83.00	83.00	83.00
14	出线回路数	74.50	74.50	74.50
15	电网运行风险	89.00	89.00	89.00
16	"N−1"通过率	91.00	91.00	91.00
17	重要通道"N−2"通过率	71.00	71.00	71.00
18	接线模式适用度	80.00	80.00	80.00
19	单位电网投资增售电量	92.00	89.00	86.00

3. 评估结果

汇总上述指标得分结果，结合规划输电网发展协调性评估指标权重，则得到 3 个规划方案的模糊综合评估结果（附表 A.6～附表 A.8）。

综上所述，低方案的综合得分为 83.71 分，协调性评估结论为基本成功。基础方案的综合得分为 81.99 分，高方案的综合得分为 78.02 分。因此认为低方案为最优方案。

下面就规划方案之间以及规划年与现状年之间，某省输电网发展协调性指标得分情况进行对比。

（1）3 个规划方案指标得分对比。分析 3 个规划方案各自评估子目标的得分情况（表 7.50），得出雷达图（图 7.17）。

表 7.50　　　　　　　　　　　3 个规划方案下评估子目标得分表

规划方案	输电网与电源协调	输电网与负荷协调	输电网与经营环境协调	输电网内部协调
低方案	68.75	88.84	84.82	89.80
基础方案	70.75	82.66	84.82	89.71
高方案	70.87	71.42	84.82	89.62

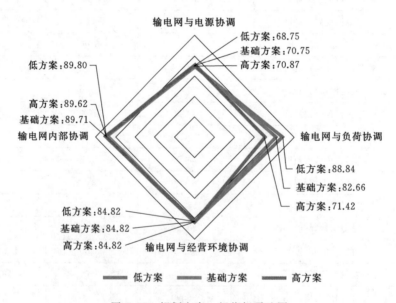

图 7.17　规划方案一级指标雷达图

从图 7.17 可以看出，3 个规划方案的输电网与电源协调、输电网与经营环境协调和输电网内部协调 3 个指标得分非常接近，几乎没有差距；输电网与负荷协调指标得分差距较大。其中：低方案的负荷协调指标得分最高，基础方案次之，高方案得分最差。即输电网与负荷协调是影响 3 个规划方案评估结果的关键因素。下面针对规划年的负荷协调指标，进一步分析 3 个规划方案的差异情况（表 7.51 和图 7.18）。

表 7.51　　　　　　　　**3 个规划方案下输电网与负荷协调得分表**

规划方案	负荷预测偏差度	容载比	变电站站间负载均衡度	出线负载均衡度	变电站平均利用率	出线平均利用率
低方案	95.00	88.22	75.00	75.00	83.00	83.00
基础方案	80.50	93.55	75.00	75.00	83.00	83.00
高方案	58.50	92.35	75.00	75.00	83.00	83.00

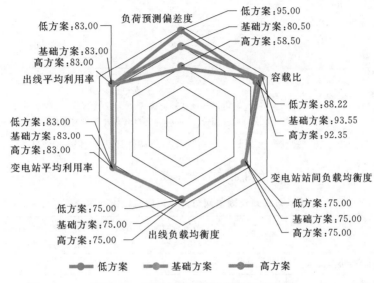

图 7.18　规划方案负荷协调指标雷达图

从图 7.18 可知，3 个规划方案的负荷协调指标中，负荷预测偏差度指标得分差异最大，而其他指标几乎没有区别，即：低方案下的负荷预测情况最接近实际负荷增长趋势，低方案下的规划方案更为合理。因此，规划方案的边界条件应尽量与历史发展趋势一致，以保证后续电网规划方案的合理性和科学性。

（2）低方案与现状输电网发展协调性评估指标对比。

1）评估子目标间的对比。现状年和规划年输电网发展协调性评估子目标得分见表 7.52，雷达图如图 7.19 所示。

表 7.52　　　　　**现状年和规划年输电网发展协调性评估子目标得分表**

评估子目标名称	输电网与电源协调	输电网与负荷协调	输电网与经营环境协调	输电网内部协调
现状年输电网发展协调性指标	65.39	49.46	78.63	88.57
规划年输电网发展协调性指标	68.75	88.84	84.82	89.80

图 7.19 可知，规划年较现状年，输电网与电源协调、输电网内部协调指标基本没有变化，输电网与经营环境协调指标有一定程度的改善，输电网与负荷协调指标改善程度最大。

2）现状年与规划年负荷协调指标对比。某省现状年与规划年输电网与负荷协调二

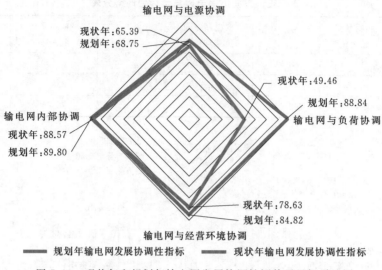

图 7.19　现状年和规划年输电网发展协调性评估子目标雷达图

级指标得分见表 7.53，对比雷达图如图 7.20 所示。

表 7.53　　　　　　　　现状年与规划年输电网与负荷协调二级指标得分表

项　　目	容载比	变电站站间负载均衡度	出线负载均衡度	变电站平均利用率	线路平均利用率
现状年输电网负荷协调指标	45.20	28.11	41.83	75.48	73.31
规划年输电网负荷协调指标	88.22	75.00	75.00	83.00	83.00

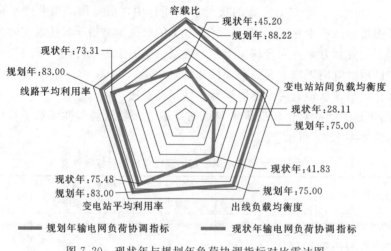

图 7.20　现状年与规划年负荷协调指标对比雷达图

由图 7.20 可以看出，规划年较现状年电网容载比、变电站站间负载均衡度以及变电站出线负载均衡度均有大幅提高，从而使得规划年输电网与负荷协调指标得到了极大的改善。

3）现状年与规划年输电网经营环境协调指标对比。某省现状年与规划年输电网与经营环境协调指标得分见表7.54。对比雷达图如图7.21所示。

表 7.54   现状年与规划年输电网与经营环境协调指标得分表

项 目	电力消费弹性系数	单位GDP电耗	交易电价平均水平	输电线路走廊宽度合理度	多回路同塔占比	出线回路数	智能变电站占比
现状年输电网经营环境协调指标	73.00	79.00	79.00	100	73.43	63.50	60.00
规划年输电网经营环境协调指标	80.00	83.00	83.00	100	83.00	74.50	80.77

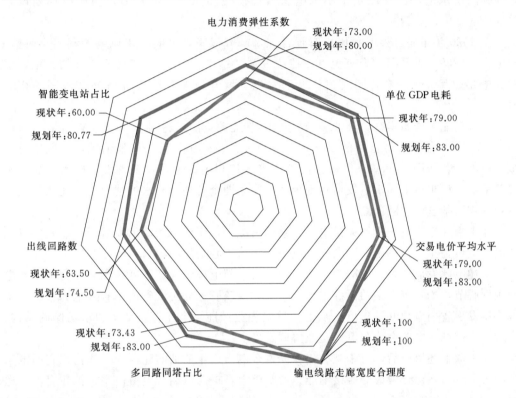

图 7.21   现状年与规划年输电网经营环境协调指标对比雷达图

由图7.21可以看出，规划年较现状年智能变电站占比、出线回路数以及多回路同塔占比均有较大幅度的提升；电力消费弹性系数、单位GDP耗电量和交易电价平均水平指标有一定程度的提升；其余指标变化不大。

综上所述，"十三五"期间电网建设的进一步加强，某省输电网规划年的协调性水平较2017年提升较大，整体协调性建设水平由部分成功提升为基本成功，尤其是在输电网与负荷的协调性上提升较大；但受某省水电发电特性的影响，其输电网与电源的协调性指标改善幅度较小，从总体上直接影响了某省输电网的协调性，因此，未来某省仍要进一步解决输电网与电源建设协调性的问题。

7.5　某省输电网未来发展建议

（1）解决某省电源供给侧富余问题。某省是重要的水电基地之一，至 2020 年年底新增水电 1407 万 kW，达到 7200 万 kW 左右，其中 32% 装机规模为中小水电。中小水电多为径流式电站，丰枯出力悬殊，调节性能差。某省省政府曾于 2016 年 3 月 7 日做出某省江域小水电全部叫停不再开发的表态。根据最新政策和实际情况，本次规划仅考虑在建的小水电，建议控制中小水电新增规模在 200 万 kW 左右，相比原规划调减约 300kW。

至 2020 年年底，火电利用小时预计在 2000h 以下，可能低于风电的利用小时数，火电生存空间严重受限。为避免电力持续过剩，建议至 2020 年年底不再新增火电，缓建火电 270 万 kW 左右，同时建议开展水电、风电与火电形成价格补贴机制的相关研究。

某省新能源资源丰富，至 2020 年年底，新能源资源将达到 1500 万 kW 左右，占比超过 15%。新能源资源富裕的西北地区，当地负荷较小，无法就地消纳，送电通道已被水挤占。若新增 500kV 送电通道，代价较高且利用率低，且全省没有电力市场，不推荐采纳。如果风电和水电发展达到预期，在丰期全省均有弃水的情况下，建议丰期考虑合理控制某省西北断面潮流。

在未来几年某省全省均大量电力富余的情况下，建议新能源的发展因地制宜，以就地消纳电量为主，而不是长距离输送电力。负荷中心新能源项目可优先开发。

上述电源发展建议，可减少省内富余电力，而电源的投产进度往往与电力市场和电网规划脱节，均具有较多的不确定性因素。建议政府充分协调省内、省外电力市场，统筹协调发展省内电源开发进度，从电源供给侧去产能、去库存，从电力市场侧调结构，实现电力市场、电源企业和电网企业协调发展。

在采取上述措施后，对于某省仍存的富余电力逐年消纳的建议为：依托现有西电东送的大平台，在综合考虑受端接纳能力的基础上，提高汛期送电负荷率；扩建直流外送通道，进一步减少弃水。

（2）提高某省"十三五"电网供给侧效率。通过项目的调整和优化，至 2020 年某省容载比总体呈下降趋势，为进一步提高电网供给侧的运行效率，建议采取的措施如下：

1）容载比考核与网架完善工作并重。在安排电网新增项目时，应充分考虑现有电网的容载比和利用效率情况，对于轻载设备片区的电网要严格控制新增电网建设项目。同时，切实推进网架完善工作，消除电网安全风险，完善城市保底电网，避免发生重大政治、社会、经济影响事件。

2）研究适合各区域特点的网络结构。

（a）某省主网架中长期规划建设中，在强调电源直接接入负荷中心的基础上，研究如何充分利用主网架现有裕度。

（b）结合各区域电源、负荷分布特点，研究利用率较高的网络结构，如负荷中心

220kV 多站点链式环网、110kV 三 T 结构等。

3）不同电压等级电网协调建设研究。目前，部分输电网设备利用效率低是由于低压电网配套建设与主网建设不同步，造成的部分站点负荷较重，而临近的新建站点负荷较轻，负荷难以转移。因此，建议加强对不同等级电网建设的协调。

4）设备利用效率研究成果引入到电网规划、项目评审中和决策中。电网规划及项目评审过程中，往往关注的重点是供电能力和供电可靠性问题，而在项目可研评审过程中，供电可靠性、供电质量问题在项目可行性判断里又进一步占据重要位置，对片区网架的利用效率的内容考虑较少。应结合"十三五"电网规划研究成果，在规划评审中判断新建、扩建项目的必要性时，将设备利用效率作为重要的评估标准。此外，在电网年度投资计划安排工作时，对决策项目的近区电网历史年份的设备利用效率进行考察，并对比可研决策的边界条件，确定最终项目投资决策，提高资产利用水平。

5）加强电网规划项目前期工作和项目后评估工作。加强项目规划和前期阶段的管理，务必使得规划和前期工作达到相关内容深度的要求，深入开展对项目建设必要性和建设时机的论证。

进一步加强电网建设项目后评估工作。某省电网目前已开展项目后评估工作，有待于进一步扩大范围，并考虑充分引入设备利用率评估指标；同时应实行项目后评估工作的考核机制，建立项目后评估反馈机制，对项目后评估结果进行研究分析，及时反馈至电网规划、输变电工程可研阶段工作中，以指导电网规划建设。

7.6 小　结

本章首先从某省电网的发电情况、供用电情况、电网现状 3 个方面介绍了某省电力系统现状情况，并以此为基础数据，结合评估指标体系分析了各评估指标的现状数据取值，结合评估体系给出了某省现状输电网发展协调性评估的全过程，并得出了某省现状输电网发展协调性处于部分成功等级的评估结论；进一步，结合某省未来几年的 3 个电网建设规划方案，对 2020 年的某省输电网规划电网进行了发展协调性评估，确定了低方案下的规划方案为最优方案，并得出了 2020 年某省输电网发展协调性处于基本成功的评估等级结论。最后结合某省现状及规划输电网发展协调性评估结论，给出了某省输电网未来的发展建议。

附录 A 输电网发展协调性评估指标及取值

附表 A.1 评估指标体系及指标取值范围

序号	评估总目标	子目标	一级指标	二级指标	指标类型	取值范围	理想取值
1	输电网发展协调	输电网与电源协调	电源规模协调	发电容量裕度	区间指标	[0，1]	16.67%～18.37%
2				变机比	区间指标	[0，+∞)	1.5～1.6
3				线机比	区间指标	[0，+∞)	1.6
4			电源结构协调	调峰电源占比	定性指标	[0，1]	—
5				清洁能源接入容量占比	极大型指标	[0，1]	1
6				送出（外来）电占比	送出电：定性指标 外来电：区间指标	外来电：[0，1]	外来电：20%～27%
7			电力市场建设协调	供需均衡指数	区间指标	[0，+∞)	1
8				发电侧市场力水平	定性指标	—	500
9		输电网与负荷协调	负荷发展协调	容载比	区间指标	[0，+∞)	500kV：1.4～1.6 220kV：1.6～1.9
10			负载均衡度协调	变电站站间负载均衡度	极大型指标	[0，1]	1
11				出线负载均衡度	极大型指标	[0，1]	1
12			负荷分布协调	变电站平均利用率	极大型指标	[0，1]	1
13				线路平均利用率	极大型指标	[0，1]	1
14		输电网与经营环境协调	城市经济发展协调	电力消费弹性系数	定性指标	[0，+∞)	1～1.2
15				单位 GDP 电耗	定性指标	[0，+∞)	—
16				交易电价平均水平	定性指标	[0，1]	0
17			城市土地及环境协调	输电线路走廊宽度合理度	区间型指标	[0，+∞)	500kV：60～75m 220kV：30～40m
18				多回路同塔占比	极大型指标	[0，1]	1
19				出线回路数	定性指标	—	—
20			城市智能化水平协调	智能变电站占比	极大型指标	[0，1]	1
21				变电站综合自动化率	极大型指标	[0，1]	1
22		输电网内部协调	安全性协调	电网运行风险	定性指标	[0，+∞)	0
23				静态电压安全性	极大型指标	[0，1]	$K_p > 8\%$
24				动态稳定性	极大型指标	[0，1]	阻尼比：>4.5%
25			网架结构协调	"N-1"通过率	极大型指标	[0，1]	1
26				重要通道"N-2"通过率	定性指标	—	—
27				接线模式适用度	定性指标	—	—
28			经济效益协调	综合线损率	极小型指标	[0，1]	0
29				单位电网投资增售电量	定性指标	(0，+∞)	—

附表 A. 2　　　　　　　　　　　评估指标综合权重取值

评估总目标	评估子目标	子目标权重	一级指标	一级指标权重	二级指标	二级指标权重	综合权重
输电网发展协调	输电网与电源协调	0.2500	电源规模协调	0.6267	发电容量裕度	0.5278	0.0827
					变机比	0.3325	0.0521
					线机比	0.1396	0.0219
			电源结构协调	0.2797	调峰电源占比	0.5499	0.0385
					清洁能源接入容量占比	0.2402	0.0168
					送出（外来）电占比	0.2098	0.0147
			电力市场建设协调	0.0936	供需均衡指数	0.6667	0.0156
					发电侧市场力水平	0.3333	0.0078
	输电网与负荷协调	0.3536	负荷发展协调	0.5000	容载比	1	0.1768
			负载均衡度协调	0.2500	变电站站间负载均衡度	0.6667	0.0589
					出线负载均衡度	0.3333	0.0295
			负荷分布协调	0.2500	变电站平均利用率	0.6667	0.0589
					线路平均利用率	0.3333	0.0295
	输电网与经营环境协调	0.0991	城市经济发展协调	0.6370	电力消费弹性系数	0.6370	0.0402
					单位 GDP 电耗	0.2583	0.0163
					交易电价平均水平	0.1047	0.0066
			城市土地及环境协调	0.2583	输电线路走廊宽度合理度	0.5591	0.0143
					多回路同塔占比	0.3522	0.0090
					出线回路数	0.0887	0.0023
			城市智能化水平协调	0.1047	智能变电站占比	0.5000	0.0052
					变电站综合自动化率	0.5000	0.0052
	输电网内部协调	0.2973	安全性协调	0.4806	电网运行风险	0.1634	0.0233
					静态电压安全性	0.2970	0.0424
					动态稳定性	0.5396	0.0771
			网架结构协调	0.4054	"N−1"通过率	0.4286	0.0517
					重要通道"N−2"通过率	0.4286	0.0517
					接线模式适用度	0.1429	0.0172
			经济效益协调	0.1140	综合线损率	0.7500	0.0254
					单位电网投资增售电量	0.2500	0.0085

附表 A.3　　　　　　　　　　　评估体系指标得分标准

序号	指标名称		函数类型	实际值范围	百分制隶属度函数
1	发电容量裕度		梯形化处理函数	$x\in[0,16.67\%)$	$f(x)=600x$
				$x\in[16.67\%,18.37\%)$	$f(x)=100$
				$x\in[18.37\%,100\%]$	$f(x)=123\times(1-x)$
2	变机比		梯形化处理函数	$x\in[0,1.5)$	$f(x)=66.7x$
				$x\in[1.5,1.6)$	$f(x)=100$
				$x\in[1.6,5)$	$f(x)=29.4\times(5-x)$
				$x\in[5,+\infty)$	$f(x)=0$
3	线机比		梯形化处理函数	$x\in[0,1.6)$	$f(x)=62.5x$
				$x\in[1.6,1.7)$	$f(x)=100$
				$x\in[1.7,10)$	$f(x)=12\times(10-x)$
				$x\in[10,\infty)$	$f(x)=0$
4	调峰电源占比		定性指标	—	模糊统计法确定
5	清洁能源接入容量占比		左梯形简化处理函数	$x\in[0,100\%]$	$f(x)=100x$
6	送出(外来)电占比	外来电	梯形化处理函数	$x\in[0,20\%)$	$f(x)=500\times(x-0.1)$
				$x\in[20\%,27\%)$	$f(x)=100$
				$x\in[27\%,100\%]$	$f(x)=137\times(1-x)$
		送出电	定性指标	—	模糊统计法确定
7	供需均衡指数		梯形化处理函数	$x\in[0,1)$	$f(x)=100x$
				$x\in[1,1.2)$	$f(x)=100$
				$x\in[1.2,3)$	$f(x)=55.6\times(3-x)$
				$x\in[3,+\infty)$	$f(x)=0$
8	发电侧市场力水平		定性指标	—	模糊统计法确定
9	容载比	500kV	梯形化处理函数	$x\in[0,1.4)$	$f(x)=71.4x$
				$x\in[1.4,1.6)$	$f(x)=100$
				$x\in[1.6,4.2)$	$f(x)=38.5\times(4.2-x)$
				$x\in[4.2,+\infty)$	$f(x)=0$
		220kV	梯形化处理函数	$x\in[0,1.6)$	$f(x)=62.5x$
				$x\in[1.6,1.9)$	$f(x)=100$
				$x\in[1.9,4.2)$	$f(x)=43.5\times(4.2-x)$
				$x\in[4.2,+\infty)$	$f(x)=0$
10	变电站站间负载均衡度		左梯形简化处理函数	$x\in[0,100\%]$	$f(x)=100(1-x)$
11	出线负载均衡度				
12	变电站平均利用率				$f(x)=100x$
13	线路平均利用率				
14	电力消费弹性系数		定性指标	—	模糊统计法确定
15	单位 GDP 电耗		定性指标	—	模糊统计法确定
16	交易电价平均水平		定性指标	—	模糊统计法确定
17	输电线路走廊宽度合理度		梯形简化处理函数	500kV:60~75m	100
				其他	0
				220kV:30~40m	100
				其他	0

序号	指 标 名 称	函 数 类 型	实际值范围	百分制隶属度函数
18	多回路同塔占比	左梯形简化处理函数	$x\in[0,100\%]$	$f(x)=100x$
19	出线回路数	定性指标	—	模糊统计法确定
20	智能变电站占比	左梯形处理函数	$x\in[0,38\%)$	$f(x)=60$
			$x\in[38\%,90\%)$	$f(x)=76.92x+30.77$
			$x\in[90\%,100\%]$	100
21	变电站综合自动化率	左梯形简化处理函数	$x\in[0,100\%]$	$f(x)=100x$
22	电网运行风险	定性指标	—	模糊统计法确定
23	静态电压安全性	左梯形简化处理函数	有功功率裕度>8%	100
			其他	0
24	动态稳定性	左梯形简化处理函数	扰动下阻尼比>4.5%	100
			其他	0
25	"N−1"通过率	左梯形简化处理函数	$x\in[0,100\%]$	$f(x)=100x$
26	重要通道"N−2"通过率	定性指标	—	模糊统计法确定
27	接线模式适用度	定性指标	—	模糊统计法确定
28	综合线损率	右梯形化处理函数	$x\in[0,3\%)$	$f(x)=(-10/0.03)x+100$
			$x\in[3\%,5\%)$	$f(x)=-1500x+135$
			$x\in[5\%,100\%]$	$f(x)=(-60/0.95)x+60/0.95$
29	单位电网投资增售电量	定性指标	—	模糊统计法确定

附表 A.4　　　　某省现状输电网发展协调性评估得分

总目标	总得分	评估子目标			一级指标			二级指标		
		子目标	权重	得分	指标	权重	得分	指标	权重	得分
某省现状输电网发展协调性	67.96	输电网与电源协调	0.2500	65.39	电源规模协调	0.6267	68.82	发电容量裕度	0.5278	81.42
								变机比	0.3325	51.80
								线机比	0.1396	61.80
					电源结构协调	0.2797	59.66	调峰电源占比	0.5499	55.50
								清洁能源接入容量占比	0.2402	82.00
								送出(外来)电占比	0.2098	45.00
					电力市场建设协调	0.0936	59.53	供需均衡指数	0.6667	57.80
								发电侧市场力水平	0.3333	63.00
		输电网与负荷协调	0.3536	49.46	负荷发展协调	0.5000	45.20	容载比	1	45.20
					负载均衡度协调	0.2500	32.68	变电站站间负载均衡度	0.6667	28.11
								出线负载均衡度	0.3333	41.83
					负荷分布协调	0.2500	74.76	变电站平均利用率	0.6667	75.48
								线路平均利用率	0.3333	73.31

总目标	总得分	评估子目标			一级指标			二级指标		
		子目标	权重	得分	指标	权重	得分	指标	权重	得分
某省现状输电网发展协调性	67.96	输电网与经营环境协调	0.0991	78.63	城市经济发展协调	0.6370	75.18	电力消费弹性系数	0.6370	73.00
								单位 GDP 电耗	0.2583	79.00
								交易电价平均水平	0.1047	79.00
					城市土地及环境协调	0.2583	87.40	输电线路走廊宽度合理度	0.5591	100
								多回路同塔占比	0.3522	73.43
								出线回路数	0.0887	63.50
					城市智能化水平协调	0.1047	78.00	智能变电站占比	0.5000	60.00
								变电站综合自动化率	0.5000	96.00
		输电网内部协调	0.2973	88.57	安全性协调	0.4806	97.71	电网运行风险	0.1634	86.00
								静态电压安全性	0.2970	100
								动态稳定性	0.5396	100
					网架结构协调	0.4054	77.97	"N−1"通过率	0.4286	91.07
								重要通道"N−2"通过率	0.4286	66.00
								接线模式适用度	0.1429	74.50
					经济效益协调	0.1140	87.73	综合线损率	0.7500	87.30
								单位电网投资增售电量	0.2500	89.00

附表 A.5 规划输电网发展协调性综合权重取值

评估总目标	评估子目标	子目标权重	一级指标	一级指标权重	二级指标	二级指标权重	综合权重
规划输电网发展协调性	输电网与电源协调	0.2500	电源规划协调	0.3547	电源规划合理度	1	0.0887
			电源规模协调	0.3252	发电容量裕度	0.5278	0.0429
					变机比	0.3325	0.0270
					线机比	0.1396	0.0113
			电源结构协调	0.2797	调峰电源占比	0.5499	0.0385
					清洁能源接入容量占比	0.2402	0.0168
					送出（外来）电占比	0.2098	0.0147
			电力市场建设协调	0.0404	供需均衡指数	0.6667	0.0067
					发电侧市场力水平	0.3333	0.0034
	输电网与负荷协调	0.3536	负荷预测协调	0.5000	负荷预测偏差度	1	0.1768
			负荷发展协调	0.2000	容载比	1	0.0707
			负载均衡度协调	0.1500	变电站站间负载均衡度	0.6667	0.0354
					出线负载均衡度	0.3333	0.0177
			负荷分布协调	0.1500	变电站平均利用率	0.6667	0.0354
					线路平均利用率	0.3333	0.0177

续表

评估总目标	评估子目标	子目标权重	一级指标	一级指标权重	二级指标	二级指标权重	综合权重
规划输电网发展协调性	输电网与经营环境协调	0.0991	城市经济发展协调	0.6370	电力消费弹性系数	0.6370	0.0402
					单位 GDP 电耗	0.2583	0.0163
					交易电价平均水平	0.1047	0.0066
			城市土地及环境协调	0.2583	输电线路走廊宽度合理度	0.5591	0.0143
					多回路同塔占比	0.3522	0.0090
					出线回路数	0.0887	0.0023
			城市智能化水平协调	0.1047	智能变电站占比	0.5000	0.0052
					变电站综合自动化率	0.5000	0.0052
	输电网内部协调	0.2973	安全性协调	0.4806	电网运行风险	0.1634	0.0233
					静态电压安全性	0.2970	0.0424
					动态稳定性	0.5396	0.0771
			网架结构协调	0.4054	"N－1"通过率	0.4286	0.0517
					重要通道"N－2"通过率	0.4286	0.0517
					接线模式适用度	0.1429	0.0172
			经济效益协调	0.1140	综合线损率	0.7500	0.0254
					单位电网投资增售电量	0.2500	0.0085

附表 A.6　　　　　　　　　规划低方案下评估指标得分

总目标	总得分	评估子目标			一级指标			二级指标		
		子目标	权重	得分	指标	权重	得分	指标	权重	得分
某省规划输电网发展协调性	83.71	输电网与电源协调	0.25	68.75	电源规划协调	0.3547	86.00	电源规划合理度	1	86.00
					电源规模协调	0.3252	54.12	发电容量裕度	0.5278	54.23
								变机比	0.3325	53.95
								线机比	0.1396	54.18
					电源结构协调	0.2797	64.74	调峰电源占比	0.5499	58.00
								清洁能源接入容量占比	0.2402	85.66
								送出（外来）电占比	0.2098	58.50
					电力市场建设协调	0.0404	62.87	供需均衡指数	0.6667	58.30
								发电侧市场力水平	0.3333	72.00
		输电网与负荷协调	0.3536	88.84	负荷预测协调	0.5000	95.00	负荷预测偏差度	1	95.00
					负荷发展协调	0.2000	88.22	容载比	1	88.22
					负载均衡度协调	0.1500	75.00	变电站站间负载均衡度	0.6667	75.00
								出线负载均衡度	0.3333	75.00
					负荷分布协调	0.1500	83.00	变电站平均利用率	0.6667	83.00
								线路平均利用率	0.3333	83.00

续表

总目标	总得分	评估子目标			一级指标			二级指标		
		子目标	权重	得分	指标	权重	得分	指标	权重	得分
某省规划输电网发展协调性	83.71	输电网与经营环境协调	0.0991	84.82	城市经济发展协调	0.6370	81.09	电力消费弹性系数	0.6370	80.00
								单位 GDP 电耗	0.2583	83.00
								交易电价平均水平	0.1047	83.00
					城市土地及环境协调	0.2583	91.75	输电线路走廊宽度合理度	0.5591	100.00
								多回路同塔占比	0.3522	83.00
								出线回路数	0.0887	74.50
					城市智能化水平协调	0.1047	90.39	智能变电站占比	0.5000	80.77
								变电站综合自动化率	0.5000	100
		输电网内部协调	0.2973	89.80	安全性协调	0.4806	98.20	电网运行风险	0.1634	89.00
								静态电压安全性	0.2970	100
								动态稳定性	0.5396	100
					网架结构协调	0.4054	80.87	"N−1" 通过率	0.4286	91.00
								重要通道"N−2"通过率	0.4286	71.00
								接线模式适用度	0.1429	80.00
					经济效益协调	0.1140	86.11	综合线损率	0.7500	84.15
								单位电网投资增售电量	0.2500	92.00

附表 A.7   规划基础方案下评估指标得分

总目标	总得分	评估子目标			一级指标			二级指标		
		子目标	权重	得分	指标	权重	得分	指标	权重	得分
某省规划输电网发展协调性	81.99	输电网与电源协调	0.25	70.75	电源规划协调	0.3547	86.00	电源规划合理度	1	86.00
					电源规模协调	0.3252	59.60	发电容量裕度	0.5278	64.26
								变机比	0.3325	54.93
								线机比	0.1396	53.16
					电源结构协调	0.2797	64.74	调峰电源占比	0.5499	58.00
								清洁能源接入容量占比	0.2402	85.66
								送出（外来）电占比	0.2098	58.50
					电力市场建设协调	0.0404	68.07	供需均衡指数	0.6667	66.10
								发电侧市场力水平	0.3333	72.00
		输电网与负荷协调	0.3536	82.66	负荷预测协调	0.5000	80.50	负荷预测偏差度	1	80.50
					负荷发展协调	0.2000	93.55	容载比	1	93.55
					负载均衡度协调	0.1500	75.00	变电站站间负载均衡度	0.6667	75.00
								出线负载均衡度	0.3333	75.00
					负荷分布协调	0.1500	83.00	变电站平均利用率	0.6667	83.00
								线路平均利用率	0.3333	83.00

续表

总目标	总得分	评估子目标			一级指标			二级指标		
		子目标	权重	得分	指标	权重	得分	指标	权重	得分
某省规划输电网发展协调性	81.99	输电网与经营环境协调	0.0991	84.82	城市经济发展协调	0.6370	81.09	电力消费弹性系数	0.6370	80.00
								单位 GDP 电耗	0.2583	83.00
								交易电价平均水平	0.1047	83.00
					城市土地及环境协调	0.2583	91.75	输电线路走廊宽度合理度	0.5591	100
								多回路同塔占比	0.3522	83.00
								出线回路数	0.0887	74.50
					城市智能化水平协调	0.1047	90.39	智能变电站占比	0.5000	80.77
								变电站综合自动化率	0.5000	100
		输电网内部协调	0.2973	89.71	安全性协调	0.4806	98.20	电网运行风险	0.1634	89.00
								静态电压安全性	0.297	100
								动态稳定性	0.5396	100
					网架结构协调	0.4054	80.87	"N−1" 通过率	0.4286	91.00
								重要通道 "N−2" 通过率	0.4286	71.00
								接线模式适用度	0.1429	80.00
					经济效益协调	0.1140	85.36	综合线损率	0.7500	84.15
								单位电网投资增售电量	0.2500	89.00

附表 A.8　　　　　规划高方案下评估指标得分

总目标	总得分	评估子目标			一级指标			二级指标		
		子目标	权重	得分	指标	权重	得分	指标	权重	得分
某省规划输电网发展协调性	78.02	输电网与电源协调	0.25	70.87	电源规划协调	0.3547	86.00	电源规划合理度	1	86.00
					电源规模协调	0.3252	59.34	发电容量裕度	0.5278	63.26
								变机比	0.3325	55.91
								线机比	0.1396	52.76
					电源结构协调	0.2797	64.74	调峰电源占比	0.5499	58.00
								清洁能源接入容量占比	0.2402	85.66
								送出（外来）电占比	0.2098	58.50
					电力市场建设协调	0.0404	73.27	供需均衡指数	0.6667	73.90
								发电侧市场力水平	0.3333	72.00
		输电网与负荷协调	0.3536	71.42	负荷预测协调	0.5000	58.50	负荷预测偏差度	1	58.50
					负荷发展协调	0.2000	92.35	容载比	1	92.35
					负载均衡度协调	0.1500	75.00	变电站站间负载均衡度	0.6667	75.00
								出线负载均衡度	0.3333	75.00
					负荷分布协调	0.1500	83.00	变电站平均利用率	0.6667	83.00
								线路平均利用率	0.3333	83.00

续表

总目标	总得分	评估子目标			一级指标			二级指标		
		子目标	权重	得分	指标	权重	得分	指标	权重	得分
某省规划输电网发展协调性	78.02	输电网与经营环境协调	0.0991	84.82	城市经济发展协调	0.6370	81.09	电力消费弹性系数	0.6370	80.00
								单位 GDP 电耗	0.2583	83.00
								交易电价平均水平	0.1047	83.00
					城市土地及环境协调	0.2583	91.75	输电线路走廊宽度合理度	0.5591	100
								多回路同塔占比	0.3522	83.00
								出线回路数	0.0887	74.50
					城市智能化水平协调	0.1047	90.39	智能变电站占比	0.5000	80.77
								变电站综合自动化率	0.5000	100
		输电网内部协调	0.2973	89.62	安全性协调	0.4806	98.20	电网运行风险	0.1634	89.00
								静态电压安全性	0.2970	100
								动态稳定性	0.5396	100
					网架结构协调	0.4054	80.87	"N-1" 通过率	0.4286	91.00
								重要通道 "N-2" 通过率	0.4286	71.00
								接线模式适用度	0.1429	80.00
					经济效益协调	0.1140	84.61	综合线损率	0.7500	84.15
								单位电网投资增售电量	0.2500	86.00

附录 B 电网运行风险评估指标体系

附表 B.1 电网故障"后果"评分标准

序号	后果的严重程度	分值	对应电力安全事故
a	灾难性	100	特别重大事故
b	严重	50	重大事故
c	较严重	25	较大事故
d	一般的	15	一般事故
e	普通	10	一级事件
f	次要	8	二级事件
g	较次要	5	三级事件

附表 B.2 电网故障"暴露"评分标准

故障类别	电压等级	暴露评分分值
单一变电站全停	500kV	0.5
	220kV	1
	110kV	2
主变故障	500kV	2
	220kV	2
	110kV	2
母线故障	500kV	0.5
	220kV	1
	110kV	1
同塔双回线路故障	500kV	1、2
	220kV	1、2
	110kV	1、2
单回线路故障	500kV	1、2
	220kV	1、2
	110kV	1、2
平行双回线路"N-1-1"	500kV	0.5
	220kV	0.5
	110kV	0.5

附表 B.3　　　　　　　　　　　IRCC "暴露" 评分标准

序号	安　全	分值
a	持续（或每天许多次）	10
b	经常（大概每天 1 次）	6
c	有时（从每周 1 次到每月 1 次）	3
d	偶尔（从每月 1 次到每年 1 次）	2
e	很少（据说它曾经发生过）	1
f	特别的少，几乎不可能	0.5

附表 B.4　　　　　　　　　　电网故障 "可能性" 评分标准

故障类别	电压等级	可能性	可 能 性 条 件
单一变电站全停	500kV	3、6、10	电磁环网或环网合环与否；低电压等级备自投动作成功与否
	220kV	3、6、10	
	110kV	3、6、10	
主变故障	500kV	3、6、10	电磁环网或环网合环与否；下一电压等级备自投动作成功与否
	220kV	3、6、10	
	110kV	3、6、10	
母线故障	500kV	3、6、10	单母线（或分段）接线或由双母线接线的变电站母线故障导致辐射至单一电源线路的变电站失电；下一电压等级备自投动作成功与否
	220kV	3、6、10	
	110kV	3、6、10	
同塔双回线路故障	500kV	3、6、10	单一电源线路的重合闸成功与否；电磁环网或环网合环与否；下一电压等级备自投动作成功与否
	220kV	3、6、10	
	110kV	3、6、10	
单回线路故障	500kV	6、10	单一电源线路的重合闸成功与否；电磁环网或环网合环与否；下一电压等级备自投动作成功与否
	220kV	6、10	
	110kV	6、10	
平行双回线路 "N−1−1"	500kV	0.5	单一电源线路的重合闸成功与否；电磁环网或环网合环与否；下一电压等级备自投动作成功与否
	220kV	0.5	
	110kV	0.5	

附表 B.5　　　　　　　　　　　IRCC "可能性" 评分标准

序号	安全（环境影响）	分值
a	如果危险事件发生的话，它是最可能和预期的结果	10
b	并不是罕见，大约 50% 的机会	6
c	可能	3
d	很少的可能性，曾经发生	1
e	相当少但是确有可能，经过多年都没有发生过	0.5
f	尽管暴露了许多年，从来没有发生过	0.1

参 考 文 献

［1］ 徐裴裴. 新电改，"新"在哪里？［J］. 通用机械，2015（4）：38－40.

［2］ 刘满平. 新电改方案的核心、着力点及影响［J］. 宏观经济管理，2015（6）：20－22.

［3］ 陈德胜，张国梁，李洪侠. 新电改方案解读［J］. 能源，2015（5）：82－85.

［4］ 昆明电力交易中心有限责任公司. 电力市场——云南电力市场建设经验与探索［M］. 北京：中国电力出版社，2017.

［5］ 沈红宇，陈晋. 新一轮电力改革对电网企业配电网规划的影响与对策［J］. 电力建设，2016，37（3）：47－51.

［6］ 《云南电力年鉴》编辑部. 云南电力年鉴2018［M］. 昆明：云南人民出版社，2018.

［7］ 王建. 云南电网输变电设备利用率分析研究［D］. 昆明：昆明理工大学，2015.

［8］ 孙亚. 基于改进概率潮流算法的未来输电网利用率研究［D］. 天津：天津大学，2016.

［9］ 李京平，李凤珍. 分布式电源对配电网设备利用率的影响及提高措施［J］. 机电工程技术，2016，45（4）：102－106.

［10］ 魏志恒. 市场条件下电源和电网规划协调问题的研究［D］. 北京：华北电力大学，2006.

［11］ 汪鹏. 区域电网与新能源电源协调发展研究［D］. 北京：华北电力大学，2015.

［12］ 矫健. 浅谈电网规划与城市总体规划有效衔接［J］. 科技创业家，2014（1）：100.

［13］ 吴鸿亮，陈颖. 电网建设与社会经济发展协调性评估研究［J］. 中国电力，2014，47（11）：134－139.

［14］ 陈兆庆，张建平. 华东电网合理备用容量研究［J］. 华东电力，2008，36（11）：121－125.

［15］ 韩柳，彭冬. 电网评估指标体系的构建及应用［J］. 电力建设，2010，31（11）：29－33.

［16］ 杨江. 电网发展协调性评估指标体系研究［J］. 陕西电力，2016，44（8）：55－59.

［17］ 商敬安. 电力系统规划厂网协调性评估研究［D］. 北京：华北电力大学，2010.

［18］ 岳云力，黄毅臣. 输电网规划综合评估指标体系研究［J］. 智能电网，2014，2（2）：41－45.

［19］ 马凯强. 区域电网发展综合评估指标体系与方法研究［D］. 郑州：郑州大学，2018.

［20］ 胡娱欧. 基于改进的模糊层次分析法的输电网规划综合评估研究［D］. 北京：华北电力大学，2016.